记述建筑学人田野考察历程 ● 展现营造与创作的精神侧影 ● 寻找中国建筑文化当代生命

第七卷

中国、新西兰、澳大利亚
20世纪建筑遗产考察交流研讨报告

田野新考察报告

王世襄题

中国文物学会20世纪
建筑遗产委员会　编著

天津大学出版社

图书在版编目（CIP）数据

田野新考察报告. 第七卷，中国、新西兰、澳大利亚 20 世纪建筑遗产考察交流研讨报告 / 中国文物学会 20 世纪建筑遗产委员会编著. -- 天津：天津大学出版社，2020.8
ISBN 978-7-5618-6741-9

Ⅰ. ①田… Ⅱ. ①中… Ⅲ. ①古建筑－考察报告－新西兰②古建筑－考察报告－澳大利亚③古建筑－考察报告－中国 Ⅳ. ①TU-09

中国版本图书馆 CIP 数据核字（2020）第 146367 号

Tianye Xinkaocha Baogao Diqijuan —Zhongguo、Xinxilan、Aodaliya 20 Shiji Jianzhu Yichan Kaocha Jiaoliu Yantao Baogao

策划编辑　金　磊　韩振平
责任编辑　郭　颖
装帧设计　朱有恒

出版发行　天津大学出版社
地　　址　天津市卫津路 92 号天津大学内（邮编：300072）
电　　话　发行部：022-27403647
网　　址　publish.tju.edu.cn
印　　刷　北京华联印刷有限公司
经　　销　全国各地新华书店
开　　本　181mm×260mm
印　　张　12.25
字　　数　247 千字
版　　次　2020 年 8 月第 1 版
印　　次　2020 年 8 月第 1 次
定　　价　69.00 元

续先贤之足迹
立新意于当世

题「田野新考察报告」

二〇〇七年五月三十日

罗哲文

序 言

在2006年夏秋之交，北京市建筑设计研究院《建筑创作》杂志社与中国文物研究所文物保护传统技术与工艺工作室联合建立了旨在保护、研究建筑历史文化遗产的一个非官方学术组织，名叫"建筑文化考察组"。这个考察组组建不过8个月，却已经踏访了8省40个县市约250处古建筑遗构、遗址，在《建筑创作》杂志上开辟"田野新考察报告"专栏，陆续发表考察报告8篇，约15万言，发布数百张新旧照片资料和实测图，这些连接传统与现代建筑的文献的发表在业内可谓成绩斐然。

现该考察组拟将其撰写的考察报告陆续结集出版，总名为"田野新考察报告"丛书，并已编辑完成了这套丛书的第一、二卷。出版在即，嘱我作序。我忙于公务，本无更多的闲暇，但这些报告我是每篇都读过的，因此愿以我的读后感言代序。

记得前人说过："史学即史料之学。"所谓史料，在现代史学界远不止是正史记载和档案记录，更有价值的往往是那些需通过田野考察才能得到的实证资料。这个具有现代科学理念的"田野考古方法"是西方现代史学的基础，于20世纪初被傅斯年、李济、董作宾等前辈引进我国，立即引发了我国历史学领域的一次飞跃：因为有了甲骨文的破译和其他各类出土文物的佐证，我们恍然发现现代人掌握的上古三代的可靠史料比孔夫子时代更为丰富、可靠。对于建筑历史学科和文物保护事业而言，20世纪三四十年代中国营造学社朱启钤、梁思成、刘敦桢、刘致平、陈明达、莫宗江等先贤也正是在这个社会氛围中，开启了一条以田野考察方法结合文献考证、建筑学本体理论，重新发现古代中国建筑体系的道路。他们是我国建筑历史学科的奠基人，亦是我国文物保护事业的先驱。

可以说，傅斯年、李济、朱启钤、梁思成等大家的工作，对我们重新认识五千年中华文明是极为关键的，对我们以新的思想、新的思维方式再创中华民族新的辉煌篇章，也是至关重要的。

今天，建筑文化考察组以他们的热情和实干，时隔半个多世纪又一次踏上了建筑文化遗产实地考察的漫漫长途。他们的建筑与文物考察被称为"田野新考察"，他们书写的报告，被命名为"田野新考察报告"。我个人是很欣赏这个"新"字的。因为：

当年中国营造学社考察的2000多个建筑遗构、遗址，经半个多世纪的风雨变幻，时

第一个中国文化遗产日前夕，2006年3月29日在四川宜宾李庄中国营造学社旧址（之一）举办的"重走梁思成古建之路——四川行"开幕仪式场景

过境迁，多已面目皆非，亟待重新核查，并于重新核查中有新的补充认识；

当年中国营造学社没有涉足的地方，更亟待有人继承前辈的衣钵，续写田野考察之路新的篇章；

每个时代自有所面对的新问题，同是田野考察，今日建筑文化考察组面临的问题与营造学社前辈也不尽相同，这要求他们在考察工作中时时更新观念，譬如有关整体历史街区保护问题，当代城市化发展中"建设与保护两者的关系"问题等，现在要比营造学社时代更为突出……

凡此种种，都要求我们在继承前人工作中有立足传统而与时俱进的新思维、新理念。

我很欣慰地看到此考察组的朋友们具备这样的图新意识，在他们的工作中时有针对现实情况提出的新的认识、新的观点和新的建议。我希望他们以此为起点，形成他们新的传统，把这个田野新考察工作持续下去。

"文艺复兴"一词在英语中写作"renaissance"，本有再生之义，即西方现代思潮是立足于古希腊、古罗马文化传统所再生出来的。那么，中华文明迈向未来的一步，是否也该是以重新认识本民族文化为基础的再生、新生呢？许多有识之士尽毕生之力去求索这个问题的答案。

愿建筑文化考察组在他们今后的路途中加入这样的探索。

是为序。

国家文物局局长 单霁翔

2007年5月18日

走进20世纪建筑遗产的世界(代前言)

翻开第七卷《田野新考察报告》,我感到特别有意义,这不仅仅是因为考察内容面向了世界建筑及建筑历史的前沿,还在于已组建近十五载的建筑文化考察组人员的进一步扩充,在于我们开始将中国20世纪建筑遗产的优秀成果介绍给世界。

自2007年中国营造学社二位专家王世襄(1914—2009年)为这个系列学刊题写"田野新考察报告"丛书名、罗哲文(1924—2012年)题词"续先贤之足迹,立新意于当世"后,建筑文化考察组已组织了国内十多个省(市)的建筑文化考察近80余次,出版了《田野新考察报告》六卷。时任国家文物局局长单霁翔在该丛书"序言"中说"……建筑文化考察组以他们的热情和实干,时隔半个多世纪又一次踏上了建筑文化遗产实地考察的漫漫长途。他们的建筑与文物考察被称为'田野新考察',他们书写的报告被命名为'田野新考察报告'。我个人是很欣赏这个'新'字的。"事实上,这些年建筑遗产保护理念在更迭,但各地不断上演城市被毁的文化之殇。建筑文化考察组创建者之一的刘志雄(1950—2008年)、建筑学博士温玉清(1972—2014年)也先后因病辞世,无疑是当今中国建筑遗产保护事业的大损失。回眸考察历程,京张铁路沿线、天津独乐寺、辽宁义县奉国寺、京杭大运河、山东潍坊坊子及曲阜等地都留下他们的身影。而已出版的六卷本《田野新考察报告》更书写下言必有据、事必有记的理性之体验,这些成果是:

第一卷(2007年版)——重访中国营造学社四川田野考察旧址、京张铁路历史建筑考察、河北"平汉铁路"沿线古建筑考察;

第二卷(2007年版)——大运河历史文化遗存考察、大运河历史沿革;

第三卷(2009年版)——承德纪行、河北涞源等地古建筑考察纪略、西安古建筑漫笔;

第四卷(2013年版)——华北、东北等地抗战纪念建筑考差纪略,湖北武汉抗战历史建筑遗存考察纪略,重庆抗战建筑遗存考察纪略,南方七省市抗日战争史迹建筑考察纪略;

第五卷(2014年5月版)——2010年日本历史建筑保护利用考察报告;

第六卷(2017年4月版)——天津蓟县、辽宁义县等地古建筑遗存考察纪略、赤峰

重走梁思成古建之路——四川行

地区建筑文化遗存考察纪略。

　　自2014年至2019年，经过近六年的努力，在中国建筑学会的鼎力加盟与中国文物学会的合力支持下，中国文物学会20世纪建筑遗产委员会克服了意想不到的困难（包括未曾想到的干扰），经四届评委会推荐认定，已评选出396个中国20世纪建筑遗产项目。这些项目是严格按照联合国旗下的国际古迹遗址理事会（ICOMOS）20世纪遗产国际科学委员会《关于20世纪建筑遗产保护办法的马德里文件2011》（以下简称《马德里文件》）及中国文物学会20世纪建筑遗产委员会《中国20世纪建筑遗产认定标准 2014》标准发现且评定的，主动向世界展示中国20世纪建筑创作的文化自信已是我们的责任，它要求我们不懈地传播并推广之。有人说20世纪是特殊的世纪，对它的研究与写作要有良知。这仿佛提醒我们要全力依据规则做好对国家，对城市有意义的建筑遗产保护之事。事实上，国家文物局早在2008年4月22日发出《关于加强20世纪遗产保护工作的通知》〔文物保发（2008）28号〕，其引言中强调：保护20世纪建筑遗产可以使人类发展记录更加完整，城市特色更加鲜明，是文化遗产保护理念发展的必然要求，具有重大的现实意义和深远的历史意义。通知中提及五个方面的工作方向：① 提高认识，充分重视20世纪遗产保护工作；② 加强研究，积极探索20世纪遗产保护理论和方法；③ 积极开展20世纪遗产的普查和评估工作；④ 有效开展20世纪遗产的合理利用工作；⑤ 广泛宣传引导公众关注和参与20世纪遗产保护工作。在单霁翔、马国馨两位会长领导下，中国文物学会20世纪建筑遗产委员会始终扎实践行十几年前国家文物局通知精神，在体现

重走刘敦桢古建之路徽州行

执行力的同时，靠多方面工作为国家20世纪建筑遗产保护与发展发挥"智库"作用，也呼应了联合国教科文组织的积极倡导。

2019年4月末至5月上旬，应ICOMOS 20世纪建筑遗产科学委员会秘书长、前主席谢尔丹·伯克（Sheridan Burke），澳大利亚国际现代建筑文献组织（DOCOMOMO）秘书长、原国际建协主席路易斯·考克斯（Louise Cox）等专家，澳大利亚遗产联盟（Heritage Alliance）及南澳大学西校区艺术与建筑设计学院等机构邀请，团队先后造访了新西兰与澳大利亚多个城市，不仅与20余位遗产建筑专家交流研讨，还介绍了中国20世纪建筑遗产的研究与进展，并主要结合新西兰奥克兰和澳大利亚阿德莱德、墨尔本、堪培拉、悉尼的城市规划与典型建筑遗产做了深度考察交流。《田野新考察报告》（第七卷）除收录此次活动综述报告外，还推出中方专家金磊、韩振平、陈雳、李沉的学术交流主旨发言，并辑录中方考察团全体专家的建筑文化遗产随笔以及澳方专家的建筑文博心得。在此，谨向北京建筑大学教师陈雳对澳洲遗产考察的周密安排表示感谢。

考察团由建筑师、高校教师、文博专家、文化学人、专业媒体及摄影师等组成，大家本着研究先行、求真致用的原则，以史学探索的精神通过对城市与建筑、建筑文化现象的阐释以及与有些陌生的当地建筑师（尤其是建筑遗产师）的交流解读，去理解在历史与设计、东方与西方、经典与当代、分类与断代等方面如何学用并举。大家一致的认知是，澳新两国拥有建筑与遗产的学术沃土，这片广阔的沃野足以点亮建筑创作、遗产保护以及媒体出版与传播的火花。作为中国建筑遗产的学人，我们需要去思考如何从中

重走洪青之路婺源行

2006年9月29日建筑文化考察组第一次大境门活动

找到自身的坐标？美国当代首席都市专家乔尔·科特金（Joel Kotkin）在《全球城市史》（社会科学文献出版社，2014年1月版）一书对人类城市做了一次历史扫描后强调，城市是人类文明的支柱。他还特别论述了澳大利亚这个年轻的国度与美国一样反对郊区化趋势，从悉尼、墨尔本的那些"美如烈焰"的摩天大楼中可见一斑。当年柯布西耶雄心勃勃的现代主义观点在给美国的芝加哥、纽约等城市留下深刻印记的同时，也影响了大洋洲与亚洲，修建高耸恢宏的城市建筑并传承与创新已是人们普遍的渴望。

欧美建筑遗产保护历史由来已久，它经历了从纠缠近两个世纪的"如何保护"转向为谁保护与为什么要保护的阶段，正形成着开放且弹性的国际交流平台。1999年ICOMOS通过了《关于乡土建筑遗产的宪章》，将传统建筑体系和工艺技术列为保护对象，20世纪建筑遗产作为附加主题被提出。历史地看，1975年欧洲议会部长委员会通过的《建筑遗产欧洲宪章》中专门提到"建筑遗产"专有名词；1985年《保护欧洲建筑遗产公约》细致定义建筑遗产与保护同时代文化的关系，并强调在"建筑遗产"概念下要研究纪念物、建筑群、遗址等内容；2004年ICOMOS在中国苏州召开第28届国际遗产大会，会议提出"填补空白：未来行动计划"的主题。美国学者约翰·H.斯塔布斯（John H. Stubbs）有着20年负责世界文化遗产基金会（WMF）现场项目的经验，他在《永垂不朽：全球建筑保护概观》（电子工业出版社，2016年6月版）中分析，在20世纪的最后一个25年中，保护弱势建筑遗产已经成为一个被普遍关注的问题。美国和澳大利亚是建筑文化年轻的国度，但他们在文化遗产保护上的经验值得重视，如美国建筑遗产保护的实践可追溯到19世纪50年代，彼时人们修复了美国首任总统乔治·华盛顿的家"弗农山庄"。随着功能性区域保护主体在20世纪中期的成熟和被认可，行业更加需要新宪章及法令。其中最具影响力的是于1964年颁布的《威尼斯宪章》，但在实践中被澳大利亚遗产建筑专家认为其并不适合本土实际情况，因为对澳大利亚建筑文化遗产讲，既有现代建筑的保护，也有土著居民遗产的保护。起草于1979年，最近一次修订于2004年的《巴拉宪章》是在澳大利亚ICOMOS和澳大利亚遗产局的组织下制定的，它明确且全面阐述了处理所有类型的建筑和艺术遗产的原则、过程、措施和指导方针，强调遗产保护在于

考察团在墨尔本城区内一处战争纪念场所合影

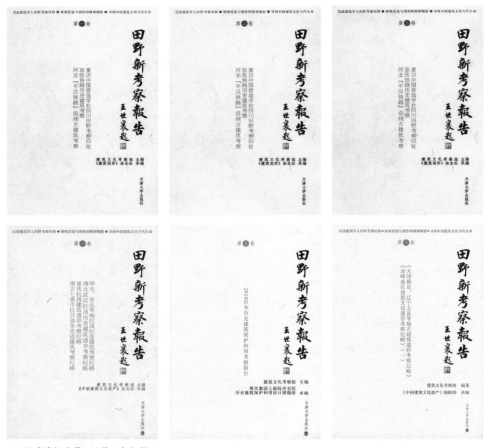

田野新考察报告第一至第六卷书影

整体而非单幢建筑，对《威尼斯宪章》中的疏忽做了特别补充。《巴拉宪章》认为一个场所的文化重要性要远胜过单纯美学和材料的价值，这是它与《威尼斯宪章》在敏感性方面的差别。至此，全球文博工作者已经看到，自《巴拉宪章》颁布起，关于建筑保护的规则有了扩充，如城市总体布局、考古场地、战后重建、文化景观、真实性保护乃至文化旅游的贡献等。

赴澳新诸域交流，考察组感悟最深的是在澳大利亚20世纪建筑遗产专家面前共同比对中国标准与他们于2011年通过的《马德里文件》。如对20世纪建筑遗产的鉴定与评估其文化价值可存在于物质层面，如物理区位、设计、建造、技术、材料、美学质量及功能；亦可能存在于非物质层面，如历史的、社会的、科学的、精神层面的关联，或创造的天赋。《马德里文件》特别诠释了文化价值的内涵，虽然不同遗产地有不同价值，但它存在于环境、材料、功能、关联、含义、记录、相关场所和相关物品中，这本质上使文化价值"活"化了。之所以要将中国20世纪建筑遗产面向世界，不仅是做好我们自己遗产保护工作的需要，也是与《世界遗产名录》看齐的需要。当下全球四位20世纪建筑大师的作品均已"申遗"成功，分别是2019年43届世遗大会通过的赖特（1867—1959年）"流水别墅"等8项作品；2016年40届世遗大会通过的柯布西耶（1887—1965年）跨越7个国家的17个项目；2011年35届世遗大会通过的格罗皮乌斯（1883—1969年）于1911年设计的德国"法古斯工厂"项目；2001年25届世遗大会通过的密斯·凡德罗（1886—1969年）1930年前后设计的德国"图根德哈特别墅"项目。由此，我自然想到谈及当代城市尤其是有历史文化名城"头衔"的城市的文化传承时，20世纪遗产应是最好的形式，它用物质存在生动反映历史、文化与思想的变迁，是城市文化与身份价值观的符号。尽管有学者认为城市也可以有"无址记忆"，但这只能是可以"讲故事"的古老遗存。对"20世纪建筑遗产"切不允许有"无址记忆"之思，它会成为破坏者们城市之殇与城市废墟的代言，是无法给城市文化与创意设计带来希望的。我赞赏台湾成功大学名誉教授傅朝卿的话："历史是可以改变的，要做的是如何回应历史，而不是冻结历史。"现在有些老房子被保留下来了，可惜的是整个历史感被削弱了。当下中外建筑师、文博专家确有非常好的平台，只要在环境文化、人文场域、传统与当代设计观方面加以指导，无论是"写实"，还是"写意"的城市与建筑空间就会被完整地呈现。如果说，历史是过去，更是未来；那么，现在，也一定是有昨天、有明天的现在。

在编写澳新两国20世纪建筑遗产考察交流历程报告时，不可不记录两件难忘且沉痛之事。其一，据新华社2020年1月9日的报道，2019年12月31日澳大利亚悉尼按惯例举办了庆元旦烟火表演，虽灿烂的烟花照亮了悉尼歌剧院和海港大桥，但人们质疑，自2019年9月燃起的山火至2020年元月初，已致数十人伤亡、数十亿只动物丧生、超过1500栋房屋及525万公顷土地被烧毁，浓烟还飘至新西兰，好似"世界末日"，当局如何有心情大放烟火呢？澳大利亚悉尼、堪培拉街头的人们戴上了口罩，持续的山火不仅使澳洲人"闻火色变"，还使澳政府一度拒签《京都议定书》的气候控制摇摆政策再次受到批评。新南威尔士州悉尼大学环境保护与生态学家瑞克·斯宾塞（Ricky Spencer）说："澳大利亚野火的严重性，表现在被烧毁的景观中，几乎所有东西都消失殆尽。"在野火浩劫的生态危机下，藻类爆发式生长，饮用水供应或受影响，鸭嘴兽可能濒临灭绝，残留物进入大海会导致海洋水体通透性变差等。其二，《人民日报》有篇《武汉战"疫"31天数据日志》文章，它列出这个城市2020年1月20日，累计确诊258人；1月23日"封城"时，累计确认495例；1月27日，累计确诊"破千"达1590例；2月5日，累计确诊"破万"达10117例；2月22日，累计确诊46201例。对此，本人于2月21日做客北京人民广播电台"文化范儿"栏目，从城市防灾减灾文化的角度，在为武汉与中国担忧与焦虑时，也肩负起灾难文化普及的责任与使命。那一天，我戴着口罩完成了50分钟"春风红雨送疫神"的访谈。面对疫情的呼啸长鸣，面对死亡患者数据的冰冷增长，面对医者献身的"逆行"，我深感国人保卫城市家园的信念绝不能陨落。这是应急与危机态下每一位有良知的责任者的兑现。澳大利亚"山火"和中国与世界的"疫情"，让我们想到无论是20世纪建筑遗产保护，还是建设免受传染病伤害的健康之城，城市与建筑太需要胆略与精神，作为守望者我们必须不屈服。

文化底蕴是城市魅力的重要因素。20世纪建筑遗产考察团造访的奥克兰、阿德莱德、墨尔本、堪培拉、悉尼等地不仅给我们留下经典建筑传承与创新的印痕，还带来用审美推动城市文化变革的样态。文化创意是另一种城市文化价值，并使文化在当代审美下重构和活化。在20世纪建筑遗产保护与利用中，挖掘建筑与城市相辅相成的文化资源，是赢得城市发展先机并创造发展潜力的必由之路。基于建筑遗产传承的文化创意的价值体现，要以设计创意为生产力，通过规划设计的创意，赋能经典老建筑，实现动能转化以创造新价值，对城市振兴而言效果明显。设计创意将20世纪建筑遗产与城市更新的空间相融合，在高效利用空间结构时，要营造更多样化，更具历史人文色彩，更舒适便利且更具审美欣赏趣味的文化景观。由此，考察组专家很感慨，澳新之行是当代建筑的一次现代化的研学与传播探索。它不仅仅有建筑遗产保护的技法与思想，还鲜活地沟通了文化遗产与建筑创作的关系，有方法、有教益、有灵感，也有借鉴思路。

对此次澳新考察，《中国建筑文化遗产》第23辑撰文中归纳了三点感悟与收获：① 以交流、研讨及书刊为媒，与国际组织建立了联系；② 通过用20世纪建筑遗产的中国作品与世界对话，让国际20世纪建筑遗产舞台上有了中国身影；③ 通过对澳新20世纪建筑遗产的深度考察与交流，领悟到中外建筑师对城市发展的共有态度，即要在传承文化、敬畏经典的基础上，大胆迈出创新设计的脚步。或许这正是结集出版《田野新考察报告（第七卷）》一书的理由，它必将成为田野新考察活动建筑遗产的方向。

金磊

中国文物学会20世纪建筑遗产委员会副会长、秘书长

中国建筑学会建筑评论学术委员会副理事长

2020年2月23日（庚子年二月初一）

From late April to early May of 2019, at the invitation of Sheridan Burke, Secretary General and former Chairman of the ICOMOS Twentieth Century Heritage International Scientific Committee; Louise Cox, Secretary of Docomomo Australia and former Chairman of Australian World Heritage Indigenous Network, and the School of Art, Architecture and Design of the Western Campus of the University of South Australia, we visited several cities in New Zealand and Australia, where we not only exchanged views with more than 20 architectural heritage experts, but also introduced the progress of China's twentieth century architectural heritage research and made in-depth investigation and communication about the urban planning and typical architectural heritage of Auckland, New Zealand and Adelaide, Melbourne, Canberra, and Sydney of Australia. The New Field Investigation Report (Volume 7) not only carries a long report review about the investigation tour, but also includes the keynote speeches made by Chinese experts in the academic exchanges, like Jin Lei, Han Zhenping, Chen Li and Li Chen, as well as the essays on architectural heritage by all the experts of the Chinese investigation delegation and Australian experts' reflections on architectural relics. Our gratitude goes to Chen Li, a teacher from Beijing University of Civil Engineering and Architecture, for his considerate arrangement of the investigation tour to Australian heritage.

The investigation delegation is composed of architects, university teachers, cultural relics and museology experts, men of letters, scholars, representatives of professional media and photographers. In the principle of "research first, seeking truth for application", with

《中国 20 世纪建筑遗产名录【第一卷】》《中国 20 世纪建筑遗产·北京卷》书影及《巴拉宪章》内文

an inquisitive mind of historians, we expound cities and architecture and architecture–themed cultural phenomena and conduct communication and interpretation of the views of some unfamiliar Australian architects (especially scholars on architectural heritage), to gain an insight into history and design, the East and the West, the classical and the contemporary, the classification and the periodization and to apply what we have learned. We are all amazed that Australia and New Zealand have such an extensive academic horizon and to have ignited the sparks of architectural creation, publication and communication. For Chinese architectural heritage scholars, how can we get our own bearings in it? Joel Kotkin, America's leading contemporary urban expert authored *The City: A Global History* (published by Social Sciences Academic Press in January 2014). After a historical scan of cities, he emphasizes that cities are the pillars of human civilization. He also observes that Australia, a young country, is as opposed to suburbanization as the United States; for example, the skyscrapers in Sydney and Melbourne are also as beautiful as flames. Corbusier's ambitious modernist views have not only made imprints in American cities, like Chicago and New York, but also influenced Oceania and Asia where people have a common desire to build high and magnificent urban structures, and to inherit and innovate them.

If cultural endowments are essential for the appeal of a city, the twentieth century architectural heritage investigation delegation's tour to Auckland, Adelaide, Melbourne, Canberra and Sydney has not only impressed us with the imprints of heritage and innovation of classic architecture,

笔者通过建筑行业及社会媒体针对疫情发声

but also given us inspirations about how aesthetics promotes urban cultural change. Cultural creativity is another urban cultural value. It reconstructs and activates culture under contemporary aesthetics. In the protection and utilization of architectural heritage of the twentieth century, to dig into the cultural resources underpinning the coexistence of buildings and cities is the only way to win the opportunity of urban development and create development potential. The value of cultural creativity based on architectural heritage inheritance is reflected in the fact that we should take design creativity as productivity, and add appeal to classic old buildings through creative planning and design, to create new value, which has notable effect on urban revitalization. The creative design combines the twentieth century architectural heritage and urban renewal space. While using the spatial structure efficiently, the design makes a point of delivering interesting diversified cultural landscape that carries historical and cultural features and is more user-friendly. Therefore, the experts of the investigation delegation are very impressed that the trip to New Zealand and Australia is a modern research and communication tour for the study of contemporary architecture, which not only informs us of the techniques and ideas of architectural heritage protection, but also communicates the relationship between cultural heritage and architectural creation. In a word, the trip offers us methods, enlightenment, inspirations and good ideas to draw on.

On this visit to new Australia, three insights are summarized in an article in the 23rd issue of *China Architectural Heritage*: (1) Taking the exchanges, discussions and books and periodicals as the bridge, we have established contact with international organizations; (2) Through the dialogue with the world by centering on Chinese twentieth century architectural heritage, we have made Chinese imprints on the international stage of the twentieth century architectural heritage; (3) Through in-depth investigation and exchanges centering on the twentieth century architectural heritage in New Zealand and Australia, we have realized the shared stance of Chinese and foreign architects towards urban development that is to take the bold step of innovating the design on the basis of inheriting culture and respecting classics. That is the reason for publishing the *New Field Investigation Report (Volume 7)*, which will surely point out the direction of the new field investigation into architectural heritage.

目录

让世界走近中国 20 世纪建筑遗产
——中国 20 世纪建筑遗产澳新考察综述

澳大利亚现当代建筑秉承保持多样性的传统且创新不断，无论国际经验与本土化建构都催生了城市发展新理念。在诸多载入编年史的世界创意城市成功实践个案中，澳大利亚的墨尔本、悉尼与柏林、巴塞罗那、波士顿等齐名。走进这些多种创意特色并存的城市，不仅是为了联动城市与建筑界的创意设计产业，更是为了学习并交流中澳在 20 世纪建筑遗产上的进程与成果。如果说澳大利亚 ICOMOS 的《巴拉宪章》体现了建筑遗产理性的发展，进一步强调了遗产与社会发展的关联，那么 21 世纪初发布的《中国 20 世纪建筑遗产认定标准 2014》，则成为引起全球建筑界关注的 20 世纪建筑遗产指南。

　　2019 年 4 月 29 日—5 月 11 日，受新西兰、澳大利亚 20 世纪建筑遗产保护组织邀请，由中国文物学会 20 世纪建筑遗产委员会秘书处、《中国建筑文化遗产》编辑部策划组织的"中国 20 世纪建筑遗产考察团"赴新西兰、澳大利亚考察当地 20 世纪建筑遗产经典项目。考察团成员包括：中国文物学会 20 世纪建筑遗产委员会副会长、秘书长金磊，专家委员韩振平、陈雳（阿德莱德建筑与艺术学院访问学者）、李玮及秘书处工作人员共八人。考察团同原 ICOMOS 20 世纪建筑遗产科学委员会主席谢尔丹·伯克女士（Sheridan Burke）等专家就国际 20 世纪建筑遗产保护与利用、中国 20 世纪建筑遗产相关工作现状、中国与国际 20 世纪建筑遗产组织展开合作等议题展开广泛交流。

　　此次出访两国时间虽短暂，却先后走访了奥克兰、阿德莱德、墨尔本、堪培拉、悉尼五座城市。与 ICOMOS 20 世纪委员会前主席、现任秘书长谢尔丹·伯克女士，国际建协（UIA）前主席路易斯·考克斯女士（Louise Cox）及南澳大学西校区艺术、建筑和设计学院等团体近二十位建筑与文博界专家交流，并举行了两场小型研讨会。金磊副会长代表 20 世纪委员会秘书处作了题为"中国 20 世纪建筑遗产现状及发展"的演讲。陈雳教授作了题为"20 世纪中国建筑教育"的演讲，韩振平、朱有恒分别就中国建筑遗产图书的出版、中国建筑遗产的档案文献及影像收集整理等先后介绍了经验。

　　针对澳方对我方交流内容所展开的提问，金磊副会长在发言中表示，在单霁翔会长及马国馨院士指导下的中国文物学会 20 世纪建筑遗产委员会非常愿意与国际组织建立联系，百年中国城市的发展历史就是 20 世纪建筑遗产的发展史。中国城市化建设正进入一个新阶段，为此特别需要以保护为前提的 20 世纪建筑遗产工作。ICOMOS 20 世纪遗产科学委员会秘书长伯克女士对中国 20 世纪建筑有兴趣，也表示对中国建筑的认识还不够充分，愿意通过 20 世纪委员会与中国展开合作。以下以时间为轴线，对考察项目内容作一概述，重点记录考察团队在澳大利亚境内的学术考察成果。

新西兰

　　新西兰（New Zealand），又译纽西兰，是南太平洋的一个国家，政治体制为君主立宪制混合英国式议会民主制。新西兰位于太平洋西南部，领土由南岛、北岛及一些小岛组成，以库克海峡分隔，南岛邻近南极洲，北岛与斐济及汤加相望。首都惠灵顿以及最大城市奥克兰均位于北岛。14世纪时毛利人在此定居，1642年后，荷兰人和英国人先后到此。1840年新西兰沦为英国殖民地。1907年成为英国的自治领。1947年获得完全自主，成为主权国家，现为英联邦成员国。

澳大利亚

　　澳大利亚联邦（The Commonwealth of Australia），简称"澳大利亚"（Australia）。其领土面积为7692024平方公里，位于南太平洋和印度洋之间，四面环海，是世界上唯一国土覆盖一整个大陆的国家，因此旧时也称"澳洲"。拥有很多独特的动植物和自然景观的澳大利亚，是一个奉行多元文化的移民国家。Australia一词，原意为"南方的大陆"，由拉丁文 terraaustralis（南方的土地）变化而来。欧洲人在17世纪发现这块大陆时，误以为是一块直通南极的陆地，故取名"澳大利亚"。澳大利亚原为澳大利亚土著居住地。17世纪初，西班牙、葡萄牙和荷兰殖民者先后抵此。1770年澳大利亚沦为英国殖民地，1901年组成澳大利亚联邦，成为英国的自治领。1931年成为英联邦内的独立国家。

交流专家名录（外方）

谢尔丹·伯克（Sheridan Burke）
ICOMOS 20 世纪科学委员会秘书长，前主席

大卫·威克斯德（David Wixted）
澳大利亚遗产联盟主建筑师

埃德温娜·詹斯（Edwina Jans）
澳大利亚遗产、交流和发展部主管

简·劳伦斯（Jane Lawrence）
南澳大学（UniSA）艺术、建筑和设计学院院长

金寅城
墨尔本大学客座教授（原上海博物馆专家，30 年前受邀任职于墨尔本大学）

艾兰·克罗克（Alan Croker）
Design 5 建筑师事务所创始人，澳大利亚资深遗产保护建筑师，曾主持悉尼歌剧院装修设计

顾宁
南澳大学艺术、建筑和设计学院教授，天津大学客座教授

伊尔瑟·沃斯特（Ilse Wurst）
澳大利亚首都展览馆规划及遗产部主管

路易斯·考克斯（Louise Cox）
澳大利亚 DOCOMOMO 秘书长，国际建筑师联合会（UIA）前任主席（2008 年至 2011 年）

克里斯汀·加诺（Christine Garnaut）
南澳大学规划和建筑历史教授，国际规划历史学会主席

肯·泰勒（Ken taylor）
澳大利亚国立大学名誉教授

乔蒂·萨默维尔（Jyoti Somerville）
GML 遗产合伙人

斯蒂芬·巴里（Steven Barry）
GML 遗产建筑师

劳拉·马塔雷塞（Laura Matarese）
SOH 遗产部官员

安妮·沃（Anne Warr）
遗产建筑师

新西兰考察：
在新西兰的自然王国，体味着自然与人文的交织

> 2019 年 4 月 29 日，考察团一行从北京出发，经上海转机，于 4 月 30 日晚抵达本次考察首个国家——新西兰，从而开启本次新西兰、澳大利亚文化遗产考察之旅。5 月 1 日—2 日 考察城市：新西兰罗土鲁阿、奥克兰。

新西兰文化遗产被分成毛利文化遗产和新西兰近现代进程文化遗产等。据悉，新西兰政府曾立法对文化遗产采取停止使用和定期维修等保护措施，结果不仅导致维修资金短缺，而且把文化遗产与现实生活人为地分离开来，把文化遗产变成了"冷冰冰的遗产"。1993 年，新西兰本着"边用边护"的理念，修订了文化遗产保护方面的法律条例，把文化遗产保护的概念引入了人们的现实生活。当年，新西兰的汤加里罗国家公园（Tongariro National Park）被联合国教科文组织列为世界文化遗产。这座以壮观的火山群和毛利文化展示出名的国家公园从此成为世界文化遗产保护的一个示范区。新西兰全国文化遗产保护工作由半官方的"历史遗迹基金"负责统一规划、协调和监督，具体工作则由各地市政当局负责。除中央政府提供的相关财政支持外，有的地方还设立了多层次基金为文化遗产保护筹集款项。近几年，《遗迹保护契约》在新西兰各地得到了普遍推广。这项契约主要针对文化遗产的个体所有者。政府和他们订立遗产保护合同，由这些个体所有者承担保护和维持文化遗产的具体工作，政府则提供法律保护和资金支持。

5月1日

考察组来到位于新西兰北岛中北部的罗土鲁阿湖（Lake Rotorua）南畔。这里是毛利人聚居区，新西兰毛利族特拉瓦(Te Arawa)部落中心，人口 54700 人。"罗土鲁阿"是毛利语，意为"双湖"。湖区面积为 23 平方公里。罗土鲁阿还有美丽

图 1
蒂普亚毛利文化村
内，间歇泉正在喷
发

图 2
毛利文化村内的独
特地质地貌

图 3
毛利文化图腾展示

图 4
毛利文化村入口处
图腾

图 5
按毛利人传统建筑
样式建造的议事厅

的英国都铎式建筑和园林。罗土鲁阿市坐落在火山多发区，被称为"火山上的城市"。罗土鲁阿是毛利族历史文化荟萃之地，展现了最完整的毛利文化。源远流长的毛利族历史和别具一格的文化工艺引人入胜，游客可在文化村领略毛利人的日常生活。在这里，自然遗产与人文遗产和谐融合，如蒂普亚（Te Puia）毛利文化村，其中

图 1
毛利文化村入口处
以毛利文化符号为
元素的大型雕塑

图 2、图 3
素混凝土打造的园
内服务设施

图 4
仿毛利人传统房屋
构造形式建成的游
客服务中心

图 5
议事厅室内格局与
装饰

图 6
毛利战船

图 7
园内对于毛利文化
符号的解读牌

图 8
出口标识也体现了
毛利风格

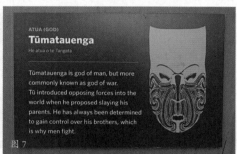

可看到毛利人古老村落房屋及议事祠堂（Carved Meeting House），领略新西兰毛利工艺艺术学校发源地的魅力以及闻名世界的间歇泉——波胡图 (Pohutu) 的风采。深受民众欢迎的红木森林纪念步道（Redwoods Memorial Grove track）更令人印象深刻。这片红木森林种植于 1901 年，是一条非常受欢迎的徒步路线。人们可徒步穿过高大的红木森林，看到多种野生动植物。同时，这条步道也具有非凡的纪念意义，州森林委员会于 1947 年将这片红木林献给那些在"一战"和"二战"中逝去的国家林业局的工作人员。罗土鲁阿政府花园（Rotorua Government Garden）是考察团队的重点考察项目。这座政府花园位于罗土鲁阿湖畔，原本是罗土鲁阿市建造市政府管理机构的所在地。但是，建成之后繁花似锦的大花园，开阔优雅的大广场，引来了市民们的极大兴趣。于是，民众议会决定把这一片美妙的

图 1
红木森林纪念步道

图 2
考察团于红木森林旁合影

图 3
罗土鲁阿政府花园

花园归还给人民，作为罗土鲁阿市的公众休闲花园。而政府的管理机构则重建于政府花园的对面——一幢不起眼的普通民房中了。政府花园是一个宽大的花园广场，纵横交错的道路宽阔、整洁，绿地美如丝毯，鲜花争奇斗艳。主楼是一幢伊丽莎白式的橘红色屋顶的联排式别墅宫殿。正中和侧楼的穹顶上挺立着一个个高高的尖塔，建筑墙壁上布满了横竖的格线。这一座皇宫样的建筑是英国人占领新西兰后建造的，以待英国女皇视察时作为行宫。但伊丽莎白女皇却从来没有来到这片美丽的土地，于是这座漂亮的楼房便成为了毛利土著首领居住的宫殿，据说毛利族公主曾在此居住过。后来这里便成为了市民的娱乐场所，现被开辟为罗托鲁瓦的博物馆。广场一

图 4　政府花园广场西北侧的毛利风格纪念碑

图 5、图 6　政府花园广场西南侧的王子拱门及其简介

图 7　考察团于罗土鲁阿政府花园前合影

新西兰、澳大利亚20世纪建筑遗产考察

图 1
广场上为纪念"一
战"阵亡将士而竖
立的纪念碑

图 2、图 3
纪念碑旁的铭文及
士兵塑像

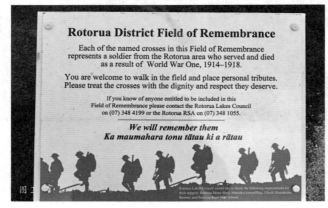

角矗立着一座新西兰军人的纪念性雕塑，碑座上标着"1898—1902 布尔战争"的
文字。新西兰曾派遣军队参加过南非的布尔战争，这座雕塑是为了纪念参战和阵亡
将士。花园一角还设立了一片纪念绿地，一排排十字架整齐排开，庄严肃穆，让人
们可以缅怀在"一战"中逝去的罗士鲁阿籍战士。绿地的指示牌上写着："欢迎您
步入绿地，寄托哀思，请心怀崇敬，务给予英雄最高的敬意。"在风景如画的政府
花园中有这样一片肃穆之所，尤其令人敬畏。

5 月 1 日晚

考察团抵达新西兰的首府——位于新西兰北部的海滨城市奥克兰市。早在 1769
年英国船长詹姆斯·库克（James Cook）就曾经经过现在的奥克兰地区，但他却没有进入到怀特玛塔港（Waitemata Harbour）和豪拉基湾（Hauraki Gulf）。直到 1820 年，塞缪尔·马斯登（Samuel Marsden）才发现了今日的奥克兰市中心。1840 年 2 月 6 日，威廉·霍布森（William Hobson）上尉被英国政府派到新西兰跟当地的毛利原住民签定《怀唐伊条约》（Treaty of Waitangi）后，这块地就用六英镑被买下来。霍布森选择奥克兰作为新殖民地的首都。到了 20 世纪上半叶，奥克兰开始出现了有轨电车和铁路，并且迅速地发展。不久，随着电气时代的来临，电车开始出现并逐渐统治了这里并一直延续至今。干线路和高速公路的出现也改变了奥克兰的城市风光，更为意义深远的是，这促成了城市间的联合。奥克兰是新西兰国际文化的荟萃地。走在奥克兰的大街上，我们可以看到极富殖民地色彩的 19 世纪建筑物及 20 世纪以来的新建筑。

5月2日

考察团驱车通过奥克兰海港大桥（Auckland Harbour Bridge，建于 1959 年，离海面高 43 米。由于经济和人口的快速增长，大桥的设计过载量已无法满足需求，1969 年又聘请日本专家设计，把大桥两侧加宽，由原设计的四股道增加到六股道，使大桥的过载量增加了 1 倍。现在该大桥高峰时期一天可过往车辆 115000 辆以上。人们称这个新增加的两股道为"日本增加道"），去往奥克兰伊甸山（Mount Eden）。伊甸山位于新西兰奥克兰市中心以南约 5 公里处，是一处死火山的火山口。山顶设有瞭望台，视野开阔，可以看到美丽的海湾、壮丽的大桥、高耸的天空塔，是俯瞰奥克兰市区全景及港湾风光的好地方。历史上伊甸山是毛利人的家园，

图 4
奥克兰公共图书馆主入口

图 5
图书馆对侧圣詹姆斯剧院建筑残迹

图 6、图 7
皇后街西侧一条坡度较大的城市道路旁，布置着城市雕塑及街景小品

图 8
建筑立面及商铺安置也随着坡道依势而建

如今它作为公园开放给公众。这座山名为 Eden，是纪念奥克兰的第一位伯爵。最高处的火山口形态完整，呈倒圆锥形，像一口很深的大锅，深约 50 米，四周绿草如茵。面对这令人惊奇的火山口遗迹和如今周围现代化的建筑，让人不由感叹沧海桑田的神奇。山顶最高处的石头方尖碑，最初由一位地质测绘者在 1872 年竖立。山顶上还有一个尖尖的钢架，

图 1

图 2

架下有个铁磨盘，上面标注着从伊甸山到世界各地主要城市的距离，奥克兰到北京：10407 公里。

奥克兰战争纪念博物馆（Auckland War Memorial Museum）是考察团在奥克兰的最后一站。博物馆位于奥克兰中央公园，最初的收藏与展示始于 1852 年。博物馆最初的空间只是一个农场工人的小村舍，而现有新建筑于 1929 年建成并正式对公众开放，是一座具有希腊复古风格的三层建筑，已经成为了奥克兰的标志性建筑之一。博物馆馆藏丰富，是新西兰第一座博物馆，也是一座集战争博物馆和自然历史文化博物馆于一体的综合馆。所展物品不仅反映了奥克兰和新西兰的人文历史，还蕴藏着相关的自然历史以及军事历史，甚至是南太平洋地区的自然和文化材料。博物馆中的毛利厅（Maori Court）是 1879 年建立的一座礼拜堂，人们在这个大厅中可以了解很多关于新西兰毛利人的历史。战争纪念厅是整座博物馆中最重要的组成部分之一，主要是为了纪念在第一次世界大战和第二次世界大战中牺牲的新西兰军人，旨在提醒人们珍惜今天的和平生活。

图 3
奥克兰战争纪念博物馆

图 4
博物馆及前广场纪念碑

图 5
博物馆主入口侧面的无障碍通道

图 6
博物馆正面入口处

图 7
远眺博物馆

新西兰、澳大利亚20世纪建筑遗产考察

澳大利亚考察：
建筑遗产的魅力，有保护更有创新

考察团 5 月 3 日在澳大利亚南部城市阿德莱德进行交流、考察；5 月 4 日抵达墨尔本并停留两日，重点考察了福林达斯大街火车站、墨尔本大学、维多利亚国立美术馆等多座建筑；5 月 6 日前往首都堪培拉并就重点文化建筑进行参观考察；5 月 7 日抵达最后一站悉尼，在同悉尼当地建筑师、遗产保护专家举行座谈会后，走访了诸多遗产建筑及新建筑。

5月3日

阿德莱德是南澳大利亚州首府，这里有英国圣公会大教堂和罗马天主教大教堂等古迹，亦有阿德莱德大学和自然历史博物馆。自 1960 年起每两年在此举行一次阿德莱德国际文艺节。早 9 时，考察团一行来到南澳大学西校区艺术、建筑和设计学院，与院长简·劳伦斯、学院教授顾宁及国际规划历史学会主席、南澳大学规划和建筑历史教授克里斯汀·加诺等学院专家领导座谈交流。劳伦斯院长介绍了本学院的发展历史、学术成果、专业特色和人才培养情况。金磊副会长对中国文物学会 20 世纪建筑遗产委员会工作现状及成果介绍进行了介绍，向院方赠送了 20 世纪建筑遗产相关图书等学术成果。在翻看图书后，劳伦斯院长及其他院方专家对中国 20 世纪委员会在近现代建筑保护领域做出的成绩表示肯定，同时希望双方通过交换文献成果、共同组织学术活动等形式在近现代建筑遗产保护领域增进了解并加强合作。

考察团在加诺教授的带领下参观了学院的建筑档案博物馆。该博物馆以 20 世纪建筑文献资料收集整理为突出特色，馆藏大部分为知名建筑师后代及社会各界捐

图 1

图 2

赠的建筑师手绘图、影像资料、政府公文等反映 20 世纪不同年代建筑风格的珍贵
文本。在加诺教授的介绍下，我们了解到博物馆的悠久历史及馆藏特色。20 世纪
70 年代，由于南澳大利亚没有为退休的私人建筑从业者存放他们工作记录的场所，
建筑历史学家唐纳德·莱斯利·约翰逊（Donald Leslie Johnson）开始收集这些建
筑师的档案。1990 年，他将私人收藏捐赠给南澳大利亚理工学院的建筑环境学院，
该学院是南澳大利亚大学的前身机构。2005 年，建筑博物馆正式设立。建筑博物馆

图1~图6
南澳大学艺术、建
筑和设计学院出版
的建筑书籍

图7
南澳大学常驻展览
"燃烧的真实——
澳大利亚现代艺术
与'二战'"一角

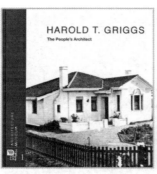
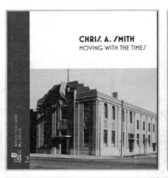

是建筑师和盟国专业人士工作记录的独特存储库，是南澳大利亚建筑和建筑环境历史研究的动态中心。建筑博物馆用于收集、保存和管理南澳大利亚私人建筑师作品的记录。它旨在促进对南澳大利亚建筑环境历史的学术探究，获得基于其馆藏开展研究项目的资金，发布以博物馆为中心的项目的研究成果，安排其馆藏的公开展览等。该馆面向所有建筑师、规划师、工程师、遗产顾问、历史学家以及所有对该州建筑历史和遗产感兴趣的研究人员，是学生和从业者的宝贵资源。馆藏包括20多万件物品，包括建筑图纸、信件、照片和建筑师的个人论文以及藏书、研究报告期刊和贸易文献。这些物品是由20世纪南澳大利亚私人实践的建筑师们所捐赠的，时间跨度达70年（1910年至1980年），十分珍贵。

图 8、图 9
展览中"战争中的
人们"专题下的一
个作品

图 10
考察团于展厅合影

图 1
南澳州立图书馆入口

图 2
图书馆新入口以玻璃与钢的形式弱化了自身的存在

图 3
图书馆一层，古典主义的装饰风格配合典雅宁静的灯光布置

※ 南澳大利亚州立图书馆（State Library of South Australia）

　　南澳大利亚州立图书馆（以下简称南澳州立图书馆）的前身是创办于 1834 年的南澳大利亚读写协会，经过数次变更名称，于 1967 年起改为现南澳大利亚州立图书馆。该图书馆位于雷得中央商业区，建造历经 18 年，于 1884 年对外开放。开放之初拥有 2.3 万册藏书。这里不仅是一个公共图书馆，还是博物馆和画廊，现在仍保留了原来遍布主厅的的旧式家具。图书馆内有报刊、普通藏书、珍稀藏书、儿童读物（仅各类儿童读物就超过 6.5 万种）和丰富的非图书的文物收藏。

　　巨大的石柱、金色的墙面、铁制的复古栏杆、玻璃的透明穹顶，这些仿佛是从哈利波特魔法学校中走出来一样，让南澳州立图书馆入选 2014 年"全球 20 大最美图书馆"。与此同时，列入此排名的还有英国牛津大学图书馆、意大利威尼斯的马

图 4
市民在图书馆书架
间的书桌上学习

图 5
自图书馆二层一端
观看建筑轴线

图 6
玻璃与钢的入口及
廊道与旧有建筑紧
密结合

图 7
南澳美术馆展厅一
隅

尔恰纳图书馆、埃及的亚历山大图书馆、美国华盛顿的国会图书馆和丹麦哥本哈根的皇家图书馆。而南澳州立图书馆击败了新南威尔士州立图书馆和维多利亚州立图书馆，成为全澳大利亚唯一一座榜上有名的图书馆。

※ 南澳美术馆（Art Gallery of South Australia）

　　南澳美术馆是一座坐落于澳大利亚南澳大利亚州阿德莱德北台地的美术馆，为南澳大利亚州最重要的美术馆之一，亦是继维多利亚国家美术馆后澳大利亚第二大美术馆，有逾 3.5 万件的艺术藏品。南澳美术馆由阿尔伯特·维克托（Albert Victor）亲王和乔治（George Ernest Albert）亲王（即后来的英王乔治五世）开设在公共图书馆的两个房间里。建筑建于 1900 年，于 1936 年和 1962 年两度进行

图 1
南澳美术馆入口及
入口前装饰物

图 2
美术馆内展陈的建
筑构件

图 3
美术馆内展厅布置

扩建，1967 年改为现名。南澳美术馆位于南澳州立图书馆、南澳大利亚博物馆和阿德莱德大学侧畔，这些机构时常会举行展览，并且向周围的美术馆提供巡回展出品。

※ 阿德莱德港工业遗产保护区（Port Adelaide Industrial Heritage Reserve）

阿德莱德市是南澳州的首府，阿德莱德港作为它的主要港口，对阿德莱德市所在州的发展起到了独特的作用，其自身也发展成为一个有特点和历史的独立城镇。在阿德莱德港依据自身的需求经历了长足发展的同时，仍保留着大量的 19 世纪晚期至 20 世纪早期的建筑。它们显示出阿德莱德港曾是阿德莱德市早期重要的航运和工业中心，阿德莱德港的建筑物中包含的这些特殊的文化价值已被公认，并成为南澳州计划委员会在 1976 年委托进行的一个初步的保护研究工作的主题。随着

1978 年州文化遗产法案的通过，阿德莱德港的核心地带在 1982 年成为第一个依据南澳州文化遗产保护法宣布的州立文化遗产保护区。尽管包括海事办公和旅馆在内的一些传统功能被保存下来，但仍有许多建筑被赋予了新的功能。19 世纪的银行办公楼工厂及仓库被改为饭馆和住宅，新的承租人带着新的产品替代了传统的商店和商业区，将经营重点放在了文化和艺术活动上，例如家具制造厂、画廊、古董商店及其他类似的功能内容。这一传统地区作为居住区已变得更具有活力。灵活的分区使得许多建筑转化为公寓和商业结合的多功能综合体。对于文化遗产保护区来说，这是恰当的功能安排。在阿德莱德港社区内，人们会感受到强烈的历史延续感，这与早期建筑及功能内容的保护有直接的关系。同时，因其具有大量的有教育意义的历史名胜，这里成为颇具旅游魅力的地区。。

图 4
雨后的阿德莱德港工业遗产保护区

图 5、图 6
港口保留的工业建筑遗产，旧时作为仓库及市场使用

图 7
港口内具有标志性意义的灯塔

图 4

图 5

图 7

图1

5月4日

考察团抵达墨尔本，开始为期两天的考察活动。墨尔本是澳大利亚维多利亚州的首府。市内环形电车（City Circle Tram）提供了墨尔本中央商务区的免费有轨电车服务。历史悠久的电车以栗色和黄金色为主，经过主要的旅游景点，并与该市更广泛的电车、火车和公共汽车网络相连。墨尔本有"澳大利亚文化之都"的美誉，也是国际闻名的时尚之都，其服饰、艺术、音乐、电视制作、电影、舞蹈等潮流文化均享誉全球。

考察团在墨尔本大学客座教授金寅城、澳大利亚遗产联盟主建筑师大卫·威克斯德及夫人米歇尔（Mitchell）的陪同下，先后考察了维多利亚州立图书馆（State Library Victoria）、米歇尔住宅（Mitchell House）、墨尔本旧监狱（Old Melbourne Gaol）、世纪大楼（Century Building）、曼彻斯特统一大楼（Manchester Unity Building）、维多利亚商用客车站（Commercial Passenger Vehicles Victoria），安其拉住宅（Alkira House）、移民博物馆

（Immigration Museum）、弗林德斯大街火车站（Flinders Street Station）、战争纪念博物馆（The Shrine of Remembrance）、悉尼迈尔音乐碗（The Sidney Myer Music Bowl）、维多利亚国立美术馆（National Gallery of Victoria）、墨尔本音乐厅（Hamer Hall）、墨尔本艺术中心（Melbourne Arts Centre）、澳大利亚当代艺术中心（Australian Centre for Contemporary Art）、联邦广场（Federation Square）、墨尔本演艺中心（Melbourne Recital Centre）等。

以下是项目主要简介。

※ 联邦广场（Federation Square）

联邦广场是艺术、文化和公共活动的场所，位于墨尔本中央商务区，坐落在弗林德斯和斯旺斯顿街的交叉口，占地面积3.2公顷(7.9英亩)。联邦广场建立在繁忙的铁路线之上，并跨越了弗林德斯大街车站的道路。它包括了墨尔本重要的文化机构，如伊恩波特中心（The Ian Potter Centre）、 澳大利亚运动影像中心（ACMI ）

图 2、图 3
大卫·威克斯德及夫人为考察团讲述联邦广场周边区域的历史变迁与城市更新

图 4
ACMI 大楼（右）和伊恩波特中心（左）

和科里遗产信托基金，以及包括咖啡馆和酒吧在内的一系列建筑，都围绕着一个大的商业广场和一个玻璃墙中庭。广场拐角处被一个带有玻璃墙的亭子占据，由此可以进入墨尔本的地下游客中心。1996 年，时任总理杰夫·肯内特（Jeff Kennett）宣布了备受民众争议的改建方案：天然气和燃料大楼将被拆除，一个包括艺术设施和商业设施的复杂大型公共空间将在铁路场建立，并命名为联邦广场。该项目于 2001 年庆祝澳大利亚联邦成立一百周年时对外开放。公共空间包括表演艺术设施、画廊、电影中心、一个玻璃冬季花园、附属的咖啡馆和零售空间。为筹建该广场而举行的建筑设计比赛共收到来自世界各地的 177 个参赛方案。广场建筑是解构主义风格，立面上细致的分割强调轻微"曲柄"几何而非严格的正交网络，庞大的体量因而显得破碎而抽象。浓重色调与周边传统建筑相融合，同时宣示着这是一片带有土著文化色彩的土地。

※ 弗林德斯大街火车站

弗林德斯街火车站位于市中心的雅拉河的城市区域，坐落在墨尔本弗林德斯和斯旺斯顿拐角处，它服务于整个大都市铁路网。综合体覆盖了两个完整的城市街区，从斯旺斯顿街延伸到皇后街。弗林德斯大街火车站是澳大利亚最繁忙的火车站，据 2011 年财政年统计，该车站平均客运量达 92600 人次 / 天。这是澳大利亚历史上第一个城市火车站，也是世界范围内 20 世纪 20 年代末最繁忙的客运站。

火车站自 1854 年起开始运转，其前身是一个小木屋。现在人们看到的弗林德

图 1
弗林德斯大街火车站东北侧主入口，门前黄色的标牌及每块标牌上的钟表显示着该方向下一次列车的时间

图 2
弗林德斯大街火车
站立面及次入口

图 3
火车站外墙上的一
处壁画

图 4
火车站主入口的八
角形玄关屋顶

图 5
火车站内部依然保
留着古老的拱券结
构

新西兰、澳大利亚20世纪建筑遗产考察

图 1
火车站高大的主入
口内侧玄关

斯大街火车是从 1901 年开始奠基动工的，一个来自巴拉瑞特的建筑承包商于 1905 年中标，并开始兴建主体建筑。主车站大楼于 1909 年竣工，是墨尔本的文化标志。作为这座城市最著名的地标性建筑之一，它被列入维多利亚时代的遗产登记册中。整个车站采用黄色石材饰面，青铜圆顶是其突出的建筑特色，据说是一位印度人设计的。墨尔本人喜欢说"我在圆钟下面等你"，指的就是弗林德斯大街火车站的主楼入口处的那排时钟。它们指示的不是各国时间，而是每一班火车驶离的时间。墨尔本人常说的另一句"我在台阶上等你"，指的也是这些圆钟前宽宽的台阶。在弗林德斯火车站外围一侧墙面上的马赛克抽象壁画引发了考察团的注意，据说这是由一位著名女性艺术家所做的。作品一经面世，参观者络绎不绝，因此她的丈夫索性在壁画旁开了一间咖啡馆，据说生意很好。

※ 墨尔本音乐厅

墨尔本音乐厅是一个 2466 座的音乐厅，是艺术中心综合体中面积最大的场地，用于当代音乐表演。音乐厅开业于 1982 年，后来更名为哈默音乐厅，以纪念 2004

图 2
具有百年历史的商
场内部店铺林立

图 3
绕过绿色栏杆走向
地下，是从建城时
沿用至今的公共卫
生间

图 4
街角布置的公共艺
术品

图 5
墨尔本街景

图 1
雅拉河沿岸的墨尔
本音乐厅

年去世的爵士鲁珀特·哈默 (Rupert Hammer, 维多利亚州第 39 届总理)。2010 年，哈默厅重建项目启动，总耗资 1.275 亿美元。本次改造是南岸文化区的第一阶段重建。重建包括修建一个新的城市展望平台并与墨尔本中央区、圣基尔达路和雅拉河相连；扩建门厅空间；改善设施，改善残疾人通道、自动扶梯和电梯，以及改善音响效果，礼堂座位和舞台系统。2012 年 7 月 26 日，哈默音乐厅重新开幕。

※ 维多利亚国立美术馆

维多利亚国立美术馆（NGV）成立于 1861 年，是澳大利亚历史最悠久、规模最大和参观人数最多的艺术博物馆。该美术馆分别在两个馆址收藏了品种丰富的艺术藏品：一个是 "NGV 国际"，位于南岸墨尔本艺术区的圣基尔达路；另一个名为 "伊恩波特中心：澳大利亚 NGV"，位于联邦广场附近。NGV 国际于 1968 年开业，建筑设计者为罗伊·格朗爵士（Sir Roy Grounds），后于 2003 年由马里奥（Mario Bellini）重新改建后开放。这座建筑内收藏了美术馆的部分国际艺术展品，并已入选维多利亚州遗产名录。

早在 1959 年，为筹建新美术馆而成立的委员会决定由 Grounds, Romberg and Boyd 建筑设计公司承担该建筑的设计工作。1962 年，罗伊·格朗爵士离开了他的合伙人并独自继续着美术馆的设计任务。这座全新形象的蓝石表皮的建筑于 1967 年 12 月正式完工。1968 年 8 月 20 日，维多利亚总理亨利·博尔特为该馆正式揭幕。伦纳德法式彩色玻璃天花板是该建筑的重要特征，这也是世界上最大的悬挂彩色玻璃组件之一。阳光穿过玻璃洒向室内，在地面上投射出五彩斑斓的光影。自入口进入后迎面可见的水墙是其另一个著名特色，游览者需

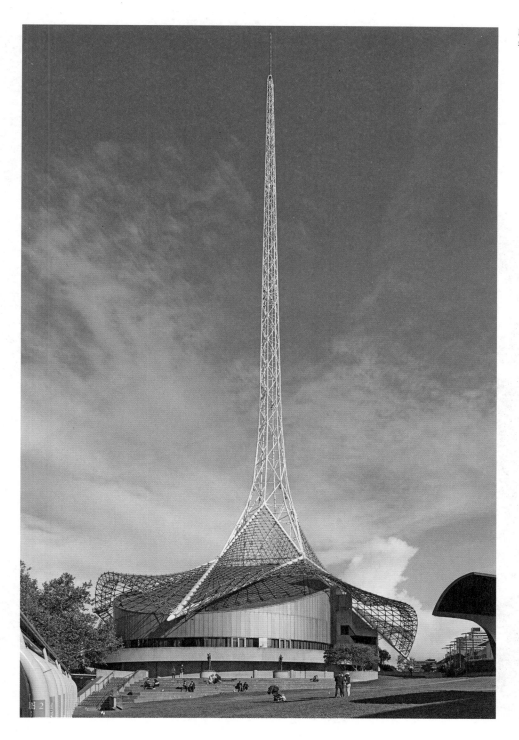

图 2
维多利亚州立剧院

图 1
伊恩·波特中心：
维多利亚国立美术
馆立面及入口

图 2
伊恩·波特中心室
内展厅及交通布置

图 3
考察团于伊恩·波
特中心前合影

要由两侧绕过水墙进入参观，亦有很多游客驻足于水墙周围，与水墙对侧模糊的人影互动。1999 年的改建工程着重进行美术馆内部的现代化装修。修建期间，许多藏品被转移到一个临时区域，因其位于面向拉塞尔大街（Russell Street）的州立图书馆而得名"NGV 拉塞尔"。2003 年 12 月 4 日 NGV 重新开放，新馆面积达到 2 万平方米。

※ 澳大利亚当代艺术中心

澳大利亚当代艺术中心 （ACCA） 位于墨尔本艺术区的斯图尔特街，在南岸的内郊， 由 Wood Marsh 建筑设计事务所设计，该建筑于 2002 年完成。ACCA

图 2

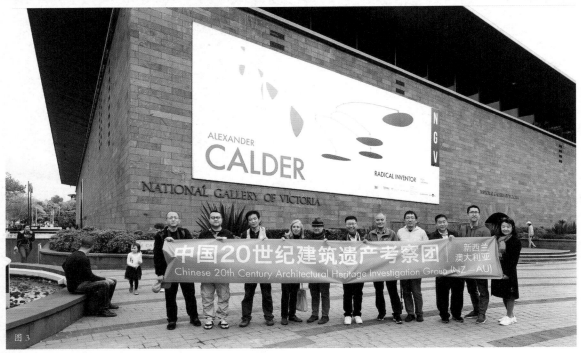

图 3

由四个大型画廊空间组成，并与邻近的玛尔豪斯剧院（Malthouse Theatre）一起围合形成一个庭院，用作室外演出和展览陈列等。立面由大面积锈迹斑驳的钢板铺设完成，仅在必要处开设最小规模的门窗。不拘一格的平面造型构造了建筑独特而抽象的外部观感，同时也满足了室内不同展陈的需求。

※ 墨尔本演艺中心

墨尔本演艺中心是墨尔本综合性音乐表演场所，每年举办超过 450 场音乐类型的音乐会和活动，包括古典音乐、爵士乐、流行音乐、歌舞表演和世界音乐。它是墨尔本的第二大古典音乐礼堂（列于墨尔本音乐厅之后），位于墨尔本艺术南岸大道和斯图尔特街的拐角南岸区。2009 年营业之后，作为墨尔本演艺中心和南岸

图 4
澳大利亚当代艺术中心

图 5
当代艺术中心内部展厅

54

图 1
墨尔本演艺中心

图 2
悉尼迈尔音乐碗西
侧入口通道

剧院综合体的一部分，该中心有两个礼堂，伊丽莎白·默多克厅和一个较小的沙龙。前者是一个"变形鞋盒"形状的音乐场地，以 Dame Elisabeth Murdoch 的名字命名。上下两个楼层共计 1000 人座位，由阿什顿·拉格特·麦克杜格尔设计，由阿鲁普作为声学和戏剧咨询顾问。

※ 悉尼迈尔音乐碗

悉尼迈尔音乐碗是一处位于墨尔本艺术中心和南岸娱乐区附近的室外表演场地。建筑于 1959 年 2 月 12 日由罗伯特·门齐斯总理正式揭幕，能容纳听众 3 万人。音乐碗的巨大天棚采用索膜结构，膜的内外两侧皆用铝面板贴合到交织的"蛛网"结构上，厚达半寸的三层膜结构具有很好的耐候性，被设计者戏称为"三明治板"。每一块"三明治板"的形状均不相同，在没有参数化设计辅助手段的时代，这种施工难度可想而知。建筑中部由两根 21.3 米 (70 英尺) 高的桅杆支撑。天棚面积为 4055 平方米 (43650 平方英尺)，边缘的主钢缆由 7 根绳索组成，每根绳索直径约 9

图 2

厘米，长 173 米 (568 英尺)，锚定在地下的水泥块深处。项目由墨尔本本土建筑事务所云肯·弗里曼（Yuncken Freeman）在 1956 年进行设计，设计师为巴里·帕滕（Barry Patten）。建筑于 1958 年开始施工，开发使用了灵活创新的施工技术，具有很好的防水性、空气动力学稳定性。悉尼迈尔音乐碗因其重要的文化价值和代表性被列入维多利亚州遗产名录。

图 3
黄昏下的悉尼迈尔音乐碗及坡地上的城市雕塑

图 4
城市中一处不知名的战争纪念场所，铺在水下的板上铭刻着受难者的姓名

图 5
墨尔本著名的涂鸦一条街，很多创作者正在肆意地进行创作

图 6
墨尔本博物馆

新西兰、澳大利亚20世纪建筑遗产考察

图 1
墨尔本战争纪念馆

图 2
一个战士雕像前，
有市民留下的由红
色毛线制成的"鲜
花"

图 3
纪念馆主体建筑正
立面

图 1

图 2

图 3

※ 墨尔本战争纪念馆（Shrine of Remembrance）

墨尔本战争纪念馆位于圣基尔达路国王多明区，建立初衷是为了纪念在"一战"中服役的维多利亚人民，现在转为纪念所有在战争中服役的澳大利亚人，是澳大利亚规模最大的战争纪念馆之一。该馆由建筑师菲利普·哈德森（Phillip Hudson）和詹姆斯·沃洛普（James Wardrop）设计，两人都是"一战"老兵。纪念馆极具古典风格，依照雅典的哈利卡纳索斯和帕特农神庙而设计。每年 11 月 11 日上午 11 时，一缕阳光透过屋顶的光圈，照亮题词中的"爱"这个词。纪念馆采用正方形平面，大厅的四周矗立着 16 根黑色大理石柱，象征着战争中的哨兵。大厅天井的四面用浮雕的艺术手法，表现当年军队作战的情景。地下室里展示着历次战争中的军旗，军旗上绣着部队的番号和战功。另外还有一座十分引人注目的铜铸人像的艺术品，题

图 4

为"父与子"。创作者用艺术手法表现了参加第一次世界大战的父亲和参加第二次世界大战的儿子，两代人为和平而英勇作战的主题。纪念馆周边的长廊边摆放着 42 个精美的小铜箱，每一个小铜箱里放着一些名录，其中记载着那些参加过"一战"的士兵的名字和战功。这 42 本名录自从 1934 年纪念馆开放展览后，每天早晨 8 点由退伍军人翻开一页，供后人缅怀，从未间断过。馆内有阶梯通往屋顶，站在这幢金字塔形屋顶的建筑物顶层，人们可以清晰地眺望北岸的墨尔本市中心和斯旺斯顿街的景象。2002 年改建工程开始施工，由墨尔本建筑师阿什顿拉·格特麦克·杜格尔设计，于 2003 年 8 月完成。2004 年，该项目被授予澳大利亚皇家建筑师学会奖章。

图 5

5月5日

在金寅城教授的带领下，考察团来到墨尔本大学，参观了校区内极具代表性的纽曼学院（Newman College）、女王学院（Queen's College）等，随后考察了收入《世界遗产名录》及澳大利亚首批国家历史建筑的皇家展览中心（Royal Exhibition Building）及附属的卡尔顿花园（Carlton Gardens），还有建于1883年的墨尔本温莎酒店（The Hotel Windsor Melbourne）等。

※ 纽曼学院

纽曼学院楼建于1918年，位于澳大利亚维多利亚州墨尔本斯旺斯顿街887号，隶属墨尔本大学。这里原为单一的学生宿舍，现在也作为学术研究场所来使用。墨尔本大学始建于1853年，是澳大利亚历史上最为悠久的大学之一。其中纽曼学院占地约0.04平方千米。学院内部空间形式独特，尺度感与空间感适宜，也拥有充足的光照和良好的通风。纽曼学院楼的设计师沃尔特·伯利·格里芬（Walter Burley Griffin，1876—1937年）是一位极具创新思维的建筑师，他为澳大利亚的建筑事业做出了巨大的贡献。1912年，格里芬赢得了澳大利亚首都堪培拉的国际规划竞赛。他不仅设计了被誉为堪培拉灵魂的人工湖，还规划了新南威尔士州的里腾镇、格瑞菲镇，墨尔本郊区的海德博格、伊格蒙德镇，悉尼郊区的卡索克拉格等多地。格里芬坚信建筑应该从景观中发展而来，受景观的启迪并成为景观中的产物。因此纽曼

图1
纽曼学院中颇具代表性的一座小教堂，名为圣灵教堂（Chapel of the Holy Spirit），两侧建筑为纽曼学院的宿舍及教学楼等

图1

图2
建筑师在纽曼学院
主教学楼的转角处
设计了一个圆顶，
上有风格独特的尖
塔。现在圆顶内部
空间作为餐厅使用

图3
纽曼学院北侧的女
王学院主教学楼

图4
女王学院建筑立面
上的柱式及窗棂细
部

图 1
建筑、规划和设计
学院。右侧为旧楼，
左侧为与旧楼无缝
连接的新楼

图 2
建筑、规划和设计
学院新楼

图 3
艺术学院教学楼，底层柱廊犹如自然生长的树木

图 4
校园中心一座办公楼，底部两层架空形成了良好的学生交流及活动场所

图 5
校园内一处公共艺术品

图 6
校园早期建筑的部分残骸被保留在庭院当中

学院楼的设计中运用了大量当地的天然砂岩材料，使建筑主体看起来犹如从土地中生长出来，建筑与大地仿佛融为一体。纽曼学院楼的设计理念意在塑造一个自由、平等、满足学生生活和学习需要的居住环境。然而，一切新兴事物产生之初都会经历挫折。纽曼学院楼最初的设计经历了诸多批评与非议，在当时被一些评论家形容为"这张平面图更像是一个监狱"，"让人联想到火车站，而不是一个宗教或教育性建筑"。墨尔本大学建筑与规划学院的院长高度评价纽曼学院楼的历史文化意义："格里芬对澳洲的建筑业发展有着非常深远的影响，纽曼学院作为格里芬与众不同的作品，可以向后世展示历史，应予以保存与保护。" 2010 年，安卓纳斯建筑保护机构制定了一个非常优秀的保护管理计划草案。该草案认为巴拉布砂岩在纽曼学院建筑中极具重要性，并详细阐述了随后需要展开的工作，包括重建顶部尖塔，维修露台和屋顶，保护砂岩材质外墙。同年，该建筑保护机构赢得了澳大利亚建筑师学会（维多利亚州）遗产建筑奖，并争取到了纽曼学院楼的保护修复工作。此外，考察团还参观了墨尔本大学建筑、规划和设计学院。墨尔本大学于 1860 年开设了第一个建筑专业，该专业是设置在工程学院下的。由于当时经济萧条，大学否决了建立一个独立的建筑学院的提议。直到 1970 年，该学院完全并入墨尔本大学建筑学院。2010 年，原有课程模式在墨尔本大学成功运行了 50 多年后，建筑学院对课程进行了史上最大的变革，本科的建筑课程被环境专业所替代，由工程学院、理学院及土地与环境学院联合教学。6 层的学院教学楼（地下室 1 层和地上 5 层），包含

图 1
墨尔本大学内最古
老的一处柱廊

图 2
大学内的老建筑

两个演讲厅、工作坊、图书馆、两个展览空间、咖啡馆、一系列工作室、一个工作
室大堂以及一系列相关的学术和专业空间。

※ 皇家展览中心及卡尔顿花园

皇家展览中心位于墨尔本市中心北部，被卡尔顿公园环绕。皇家展览中心是世
界上现存的最古老的展览馆之一，最初是为了举办世界博览会 (Great Exhibition)
而建。该建筑于 1979 年 2 月奠基，在仅仅 18 个月的时间里便完成了建造并于
1880 年 10 月 1 日成功举办博览会。整个展馆由木头、砖、钢和石板等材料组合而
成，整体风格融合了拜占庭以及意大利文艺复兴时期的各种元素。它的辉煌时期在
1915 年前，共有来自巴黎、纽约、维也纳、牙买加、智利等地的 50 余场国际性大
型展览在此处举办。1901 年，澳大利亚成立联邦后，墨尔本成为临时首都，第一次
联邦会议就是在皇家展览馆召开的。后来联邦议会改在维多利亚州议会大厦举行，
州议会在展览馆举行。在澳大利亚爆发西班牙流感时期以及第一次世界大战期间，
皇家展览馆都曾作为临时医院使用。1956 年，这里甚至作为奥林匹克运动会的举办
场馆之一，承担了篮球、举重、摔跤、击剑等项目的比赛任务。20 世纪 70 年代末期，
大楼年久失修，破烂不堪，周边附属建筑相继被拆除。许多人建议拆掉大楼，但在

图3

最后表决中，仅以一票优势否决了这一提议，这一重要文化遗产得以保留。2004年，皇家展览中心成为澳大利亚第一座被联合国教科文组织列入《世界文化遗产名录》的建筑。皇家展览中心的大厅里精心修复的内饰、宽敞气派的画廊和高耸的穹顶令人印象极其深刻，它已俨然成为举办贸易展览、展会、文化和社区活动的场所。考察团到访期间，该区域正在举行宠物展会，因而未能入内参观。每年的墨尔本国际花卉和园艺展 (Melbourne International Flower and Garden Show) 都在这里举办。作为世界文化遗产之一的卡尔顿公园是非常受欢迎的野餐和烧烤胜地，这里也是包括帚尾袋貂在内的大量野生动物的乐园。绿树成荫的大道、壮丽不凡的喷泉、修葺齐整的花圃和小湖构成了这个19世纪末建成的公园的主要特色。

图3
墨尔本博物馆（左侧）与皇家展览中心（右侧）坐落在墨尔本城市中心一片巨大的绿地上

图4
皇家展览中心立面

图5
建筑维修过程中被替换下的石材被摆放在卡尔顿花园中，成为孩子们游乐的场所

图 1
温莎酒店外景

图 2
温莎酒店前台

图 1

※ 墨尔本温莎酒店

墨尔本温莎酒店建于 1883 年，融合了古典风格与现代化的设施，位于墨尔本城市中心，毗邻公主剧院（Princess Theatre）。自建成后，建筑多次易手，并于 1920 年再次易手并予以翻新，同时更名为温莎酒店，是当时墨尔本最豪华的酒店之一。1962 年始，随着现代化国际酒店的风行，温莎酒店的热度不再，经营的困境使得建筑也逐渐残破。1976 年，在开发商迅速拆除许多历史建筑并兴建摩天大楼的时候，维多利亚州政府购买了温莎酒店，以保护这座宏伟的地标建筑。最初的建筑以

图 2

图 3
温莎酒店立面上繁复华美的装饰

图 4
温莎酒店主入口

图 5、图 6
温莎酒店内部装饰

前厅的柱廊为特色，而后柱廊于 1959 年作为改造的一部分被拆除。如今，这三个原始的拱形维多利亚柱廊已被恢复，并设有精心绘制的镀金廊柱。酒店内悬臂式大楼梯高 23 米，朝向天窗，以其体量和高度引人注目。它是用斯塔维尔石建造的，楼梯口采用从英国进口的手工制作的明顿瓷砖装饰。这些被藏在旧地毯下几十年的瓷砖在 1983 年的翻新工程中被重新发现。酒店内的大宴会厅原来的圆顶天窗，其框架仍然在天花板上，现已重新装上玻璃，引入的自然光照亮了大宴会厅。现代工匠采用传统技能，使其尽可能真实地还原当时的盛况。

图 1
国家首都展览馆
入口

图 2
国家首都展览馆室
内展厅及中央沙盘

图 3
考察团于国家首都
展览馆门前合影

5 月 6 日 堪培拉

作为澳大利亚的首都，堪培拉被誉为"大西洋的花园城市"。花园城市的雏形来自 1817 年著名的空想社会主义者罗伯特·欧文 (Robert Owen，1771—1858 年) 率先提出的"新协和村"(Village of Harmony)。随之而来的工业化浪潮在给经济带来跳跃式大发展的同时，也致使城市恶性膨胀，大自然遭受到前所未有的毁坏。英国著名的社会活动家艾比尼泽·霍华德 (Ebenezer Howard，1830—1928 年) 于 1898 年有针对性地提出了"花园城市"的理论，宗旨是使城市既有活力与效能，又有洁净美丽的景色。霍化德"花园城市"理论是人类对城市模式的美好理想，而澳大利亚首都堪培拉把"花园城市"的理想变成了现实。1788 年澳大利亚建国以后，墨尔本曾作为国家的首都，而悉尼则是全国最大的城市和商业中心，建都于墨尔本

图 1

图 2

图 3

还是悉尼，成为长期争议的焦点。1901 年，澳大利亚殖民者决定成立联邦政府，于 1903 年经国会讨论提出一个折中方案：在悉尼和墨尔本两个城市之间的蓝山脚下新建国都。在 1913 年 3 月 12 日，城市被正式命名为"堪培拉"：名字源于当地土著语。澳洲政府在全世界范围内征集新都设计方案。1912 年，年仅 36 岁的美国建筑师沃尔特·伯利·格里芬的"花园城市"方案在 137 个方案中脱颖而出，荣获一等奖。格里芬是伊利诺斯州大学建筑学学士，曾经与美国著名的建筑师赖特 (Frank Lloyd Wright, 1869—1959 年) 共事。但赖特不看重格里芬，格里芬与之关系破裂。后来他接受著名风景师西蒙德斯 (O.C.Simonds) 的建议，开始在设计中更加突出园林景观，这也是后来他的方案能被选中的重要原因。在格里芬的设计方案中，他大胆地提出建造一座和自然融洽的城市构思：整个堪培拉市以国会山为中心，建造放射型的城市街道。每一街道指向组成澳大利亚的所有州区，高耸的国会大厦象征权力中心，又代表全国的心脏。

格里芬的规划方案把自然风貌和城市景观融为一体，密切结合地形构成城市轴线，由多角的几何形和放射线路网把城市的园林和建筑

图4

图4
沃尔特·伯利·格里芬，澳大利亚首都堪培拉的原创建筑师设计师。他的设计最终赢得了1911年政府举办的全国竞赛。格里芬1914年定居澳大利亚。他在澳大利亚的建筑设计成就包括首都剧院、墨尔本大学纽曼学院和悉尼郊区卡斯尔克拉格规划设计。格里芬在完成勒克瑙大学的设计后不久在印度去世

图5
肯·泰勒教授带领考察团登上安斯利山并为考察团讲解城市轴线

图5

新西兰、澳大利亚20世纪建筑遗产考察

图 1
站在安斯利山顶俯
瞰堪培拉

物组成相互协调的有机体。格里芬把城市的核心定在首都山，并在堪培拉西部建筑了水坝，将山下的莫朗格罗河流切断，规划改造成一个巨大的人工湖，将城市劈成南北两部分。方案以首都山为中心规划了三条主要的城市空间轴线，把一系列带有纪念物和自然主义界标的星形居住街区联系起来。这三条轴线是：① 由南到北，自红山、经首都山再到安斯利山。轴线中心为三角形地段，布置国家级政治文化艺术方面的建筑；② 东西向贯通格里芬湖的视觉轴线；③ 由首都山通向城市商业、服务业文化中心的轴线，也是城市主要交通线路之一。

为纪念格里芬而建造的格里芬湖位于堪培拉的市中心，像一条天蓝色的丝巾围在堪培拉的颈项上，把堪培拉分成南北两半，而横跨南北的联邦桥和国王桥又把这两半紧扣一起。以湖为界，南边是政府的机关区，北边为商贸市场区，东边系科教文卫区，西边乃居民住宅区。这种布局既协调合理，又方便舒适，做到了形式美与功能全的有机统一。湖中心是一柱人造喷泉，在阳光下射向天空，高度达 137 米，超过了日内瓦湖上的喷泉 (130 米)。主要国家机关和公共建筑，如国会大厦、政府大厦、国立图书馆、国立大学、国立美术馆、联邦科学院等，都建在人工湖畔，壮美多姿，倒映在碧波万顷的湖水中。整个堪培拉市以国会山为核心，建造了放射型的城市街道。国会大厦位于格里芬湖畔，是一座奶黄色的三层建筑，顶部是铁塔式旗杆，上面飘扬着澳大利亚国旗。草坪从屋顶延伸下来，与铺满芳草的斜坡相接，一直通向国会门前的大道上。澳大利亚的众议院和参议院就在国会大厦办公，涉及国计

民生的所有重大问题都在这里酝酿后向全国发布。

整个首都的建筑与蓝天、鲜花、白云、绿树等自然景观交相辉映，充满着活力和时代气息。站在国会大楼门前放眼远望，位于格里芬湖畔另一边的澳大利亚战争纪念馆尽收眼底。纪念馆位于安斯利山脚。这座雄伟的圆形建筑是为缅怀在历次战争中牺牲的澳大利亚将士而建造的。纪念馆门前宽阔的马路两旁建有一些纪念碑，以纪念曾为这个国家的自由、正义和信念而献身的人们。纪念馆中有大量的实物、照片和绘画，告诉参观者一个个悲壮英勇的战争故事。在邓肯·马绍尔（Duncan Marshall）教授的安排下，考察团首先来到位于格里芬人工湖边的首都展览馆（National Capital Exhibition）。在展览馆伊尔瑟·沃斯特主管的陪同下，通过馆内超大的城市沙盘及多媒体展示，人们了解到堪培拉从荒无人烟之地变成一个现代化都市的过程，深感堪培拉建城史的曲折与精妙。在肯·泰勒教授的引导讲解下，来到安斯利山鸟瞰堪培拉城市中轴线，这座花园城市的全貌尽收眼底。结合在首都展览馆所了解的信息，考察团深深感受到：一个好的城市要实现可持续发展，应该让自然具有历史的结构、经济的结构、文化的结构。毫无疑问，格里芬的设计确实做到了这一点，而且近乎完美。格里芬的设计手法是以文艺复兴的手法为基础，采用静态视点的方法构想城市空间和景观，以一种开放的设计理念，对空间组织进行了灵活多样的处理，强调了澳洲大陆那种辽阔开朗的地理特征，并考虑了人对日常空间的动态体验和感受。鸟瞰下的堪培拉，我们很容易就找到了霍华德花园城市的元素：核心、放射线、同心圆、扇区等。这种布局既协调合理，又方便舒适，做到了形式美与功能全的有机统一。堪培拉将"田园城市"理论变成了现实，把堪培拉自然风貌与人工建筑群体最大限度地和谐、协调、统一起来，使堪培拉成为一个田园式的、人与自然和谐统一的现代化都市。

图 1
肯·泰勒教授为考
察团讲解澳大利亚
战争纪念馆外侧的
雕塑

※ 澳大利亚战争纪念馆

澳大利亚战争纪念馆位于首都堪培拉的首都山上，格里芬湖的北面，是一栋青灰色的圆顶建筑，为纪念"二战"澳大利亚阵亡的战士而修建的。它始建于1941年，1945年开放，1971年竣工，面积1.3万平方米，四周环绕着12公顷的草坪。澳大利亚战争纪念馆是公认的世界同类博物馆中的佼佼者，旨在纪念那些在第一次和第二次世界大战中为了保卫国家的利益而牺牲的英勇的士兵。馆内建有3个主大厅：第二次世界大战展厅，布莱德拜瑞战机展厅（Bradbury Hall）和澳新军团展厅。每一个展厅内都陈列着大量战时的兵器、图片、模型等。在"二战"的展厅中甚至还陈列着被击沉的潜入悉尼湾的日本海军微型潜艇。每个展厅都通过先进的激光、影视、立体声音响等高科技技术，逼真地再现了当年激烈的战争情景，如临其境。每一年的4月25日为澳新军团纪念日，在这一天，全国各地的退伍军人和群众都会举行集会、游行、献花圈等活动，纪念第一次世界大战中澳大利亚和新西兰联合军队中阵亡的士兵。每年的11月11日，为澳大利亚战争纪念日。在这一天的上午11点，每一个澳大利亚人都会在全国的各个角落默哀一分钟，向战争中英勇献身的广大将士表示哀悼。

图 1

图 2
澳大利亚战争纪念
馆狭长的中庭

图 3
澳大利亚战争纪念
馆中心部分——纪
念大厅

图 2

图 3

※里德遗产保护区（Reid Heritage Precinct）

里德遗产保护区位于堪培拉中央商务区的西部，该区域以澳大利亚第四任总理乔治·侯斯顿·里德爵士的名字命名，是堪培拉最大的居住型建筑遗产区域。这项大规模建造起因于澳大利亚政府决定将国会从墨尔本迁至堪培拉，为满足即将到来的政府工作人员的迫切住房需求。该区域由联邦资本委员会于1926年开始建造，1927年初步完成并交付使用。因其在材料、颜色

图 1

和斜屋顶的使用方面的一致性而闻名。1928 年 9 月 20 日，澳大利亚政府在宪报专门对这一区域进行了宣传，而因其与国会迁址的直接关系使其具有了独特的遗产价值。随着堪培拉的首都职能逐步完善，后续还于多个郊外区域建设了功能类似的居住区等。

※ 旧国会大厦（Old Parliament House）

1927 年至 1988 年，旧国会大厦是联邦议会的所在地。在此期间，澳大利亚社会和政治生活发生了巨大变化。该建筑由约翰·史密斯·默多克（John Smith Murdoch）设计，他是第一位英联邦政府建筑师。在这座建筑周围发展出澳大利亚的新首都堪培拉。1901 年澳大利亚殖民地联合组建澳大利亚联邦时，出现了对国家资本的需求。国会大厦就像堪培拉市内的一个小镇，有自己的图书馆、邮局、理发店、木工车间、酒吧和餐厅。到了 20 世纪 80 年代，成千上万的人在大楼工作，包括政治家、议会工作人员、记者、餐厅和酒吧工作人员。这座建筑是澳大利亚许多重大政治事件的决策地。

建筑物因这里发生的事件而显得格外重要，但其建筑艺术价值上的成就也不可忽视。在默多克设计这座建筑时，他被要求设计一个可以供议会使用 50 年的"临时"建筑。默多克因此采用"剥离的古典"风格，这在 20 世纪 20 年代和 30 年代的政府建筑中很常见。默多克的临时议会大楼显得低调而实用，去掉了古典主义建筑中繁复的装饰构件，仅仅凭借古典主义的尺度与比例，配合去掉雕饰的几何构造来建造其走廊和柱廊。在当时，这与人们期望中的国会建筑有所出入，并吸引了一些建筑师及评论家的批评。在建筑物作为国会大厦的61年中，联邦议会的规模和性质发生了许多变化。1927年，众议院仅有76人而参议院仅有36人，并且只有众议院议长、参议院议长、总理、参议院政府领袖和部长拥有自己的办公室。而到了20世纪80年代，众参两院的人数分别提升到了148人和76人，总共有近3000人在这座原规划几百人的办公场所中办公。最终，日益膨胀的使用者规模和捉襟见肘的办公空间促成了一个新的永久性国会大厦的建立。1988年6月，这座建筑最后一次履行自己作为"临时建筑"的职责。今天，该建筑已被列入国家遗产名录，是澳大利亚民主博物馆的所在地，讲述着澳大利亚民主进程的故事，也包括建筑本身的历史和文化。

图2
考察团于旧国会大厦中厅参观

图3
旧国会大厦内众议院

图4
旧国会大厦内员工工作场所还原

图 1
国家美术馆入口
坡道

※ 国家美术馆（National Gallery of Austrilia）

该美术馆于 1982 年建造完成，属 20 世纪后期"野兽派"建筑风格。美术馆周围是一个开创性的雕塑花园，种植了澳大利亚本土植物。建筑物的入口设计连通高架走道，从而连接该区域内的所有建筑物。2005 年，美术馆开始了一项重大的翻新计划，包括新的街道入口、多功能厅、扩建画廊和修建澳大利亚花园。澳大利亚雕塑园和建筑扩建于 2010 年 10 月完成并向正式开放。雕塑园中的新作品以象征性的方式描绘了澳大利亚艺术的起源故事。澳大利亚国家美术馆拥有世界上最大的澳洲土著艺术收藏，拥有超过 7500 份作品，其中大多数馆藏在 11 个新画廊中被重点展示。负责重塑公共领域及更新雕塑园的景观设计师麦克格雷格·科克索（Mc Gregor Coxall）受到"空间、时间和建筑"理念的影响，确保新的景观作品采用几何设计原则，延伸原始建筑物的三角形网格创建了一个框架，用于定位和布置重要的设计元素，如路径、桥梁、墙壁和水元素。设计者的目的是为区域作出永恒的贡献，增加空间、光线和纹理，但不会杂乱。澳

图 1

图 2
美术馆室内走廊中独特的开窗模式控制了视线及光照的角度

图 3、图 4
美术馆室内展厅

图 5
美术馆室内走廊转角处

大利亚国家美术馆最美妙的一面是，它通过内部和外部的公共空间继续为城市生活作出重要贡献。

※ 高等法院（High Court）

澳大利亚高等法院坐落在议会三角区的长坡顶部，建筑体量十分雄伟。当人们进入法院大厅时，会看到指示牌提示三个法庭所在的位置，并详细说明目前正在展出的展览。考察团在法院基建部主管和邓肯·马绍尔教授的陪同下参观了这座格外具有艺术气息的高等法院。澳大利亚高等法院融合了历史、展览、法律、艺术和建筑，十分亲民。据主管介绍，整座建筑的设计初衷除了代表国家法律的庄重性外，更重要的是要让民众知晓，这里是属于人民的法院，国家的法律将维护每一位公民的合

图 1
考察团于高等法院前合影

图 2、图 3
高等法院内部空间

图 4
审判厅内部构造

法权益。因此它在设计中少了一般高等法院的庄严肃穆，从空间设计到艺术品装饰，再到家具的选择都别具匠心，意在吸引人们走进来，近距离感受这座建筑的"温度"，打破内心的畏惧感。建筑中的艺术品令人印象深刻，它们在讲述澳洲及其法律的发展史。

图 5
法院室内高大宽阔
的中庭

图 5

5月7日

经过三个小时车程，我们抵达本次考察的目的地——澳大利亚新南威尔士州首府悉尼。5月7日上午，考察团同劳拉·马塔塞雷女士汇合后，与澳大利亚资深遗产保护师、曾主持悉尼歌剧院装修设计的艾兰·克罗克先生共同考察了悉尼歌剧院。通过克罗克先生的介绍，考察团深入了解了悉尼歌剧院的建设历程、历史地位、保护现状及计划等，并就20世纪建筑遗产保护中的项目断代、保护措施、修复原则等话题进行交流。中午，谢尔丹·伯克女士、遗产保护建筑师斯蒂芬·巴里同考察团见面，双方简短交流了澳大利亚与中国20世纪建筑遗产组织各自的发展现状、工作内容以及两国在20世纪建筑遗产保护领域取得的成果及面临的问题。下午，在伯克女士、巴里先生的引领下，考察团开始了悉尼20世纪建筑遗产代表性建筑及景观系列考察，包括皇家植物园（Royal Botanic Gardens）、海德公园军营博物馆（Hyde Park Barracks Museum，伯克女士曾在此任职）、政府大楼（Government House）、AMP大厦（AMP Building）、新南威尔士州立图书馆（State Library of NSW）、奇彭代尔绿地（Chippendale Green，包括澳大利亚康科德历史建筑啤酒厂更新项目 Carlton United Brewery Yard）等。

※ 悉尼歌剧院（Sydney Opera House）

悉尼歌剧院是世界20世纪建筑史上的杰作，堪称"悉尼的灵魂""澳大利亚的象征"，由丹麦建筑师约翰·伍重（1918—2008年）设计。他说，其创作灵感来自橘子瓣的排列形态，外形像港口内的艘艘帆船，与悉尼这个帆船之乡融为一体；又像屹立在沙滩上的一个个白色贝壳；还似航行在悉尼港的巨轮。2003年伍重荣获"普利兹克建筑奖"，评委盖里这样评价道："伍重造就了一座超前于时代、超越所有已知技术的建筑，他顶住了来自满怀恶意的公众、消极的批评家们的难以想象的巨大压力，拒绝妥协，最

图1

终成就了一座伟大的建筑——一座改变了整个国家形象的建筑。"2007 年 6 月 28 日，这座建筑被联合国教科文组织第 31 届世界遗产大会评为世界文化遗产，伍重也成为唯一一位见证自己作品成为世界文化遗产的建筑师。

　　据克罗克先生介绍，悉尼歌剧院纪 20 世纪 50 年代开始构思兴建。那时因为经济萧条，社会氛围十分低落，亟待提振，同时悉尼交响乐团第一位总指挥此前曾多年向政府提议建造一座符合悉尼城市地位的综合音乐厅，于是 1955 年 9 月 13 日澳大利亚政府向海外征集悉尼歌剧院设计方案，至 1956 年共有 32 个国家 233 个作品参选。1957 年，由 4 人组成的评委会讨论审议歌剧院的各种设计方案。沙里宁注意到了这个已经被扔进废纸篓里的设计图。这位老资格的芬兰裔美国建筑师独具慧眼，发现丹麦设计师伍重的构思别具一格，富有诗意，颇具吸引力。沙里宁据理力争，终于说服了另外 3 个评委，使他们改变了主意，最后伍重设计的图案击败了其他竞争对手而被选中。悉尼歌剧院整体占地 1.84 公顷，长 183 米，宽 118 米，高 67 米，相当于 20 层楼的高度。歌剧院的独特设计，表现了巨大的反传统的勇气，自然也对传统的建筑施工提出了挑战。工程的预算十分惊人，当建筑费用不断追加时，悉尼市民们怀疑这座用于艺术表演的宫殿是否能够最后完工。歌剧院落成时共

图 1
自海上拍摄悉尼歌剧院

新西兰、澳大利亚20世纪建筑遗产考察

图1

投资 1.02 亿美元，期间政府发行了彩票用于筹资。工程技术人员仅计算怎样建造
10 个大"海贝"，以确保其不会崩塌就用了整整 5 年时间，因为施工时数次延期，
曾被人讥笑为"未完成的交响曲"。迫于建筑施工人员和政府的压力，伍重引咎
辞职并返回丹麦，从此他再也没有回到悉尼，直至去世也未能亲临自己的杰作。新
南威尔斯州政府任命 4 名澳洲建筑师完成此项工程，又历时 7 年才完工。

1973 年 10 月 20 日，歌剧院终于开幕，英女王伊丽莎白二世亲临现场揭幕。
悉尼歌剧院好似白色的帆状屋顶由 10 块大"海贝"组成，最高的一块高达 67 米。

图 1
考察团于悉尼歌剧
院前广场处合影

图 2
艾兰·克罗克教授
为考察团介绍悉尼
歌剧院外表瓷砖维
护方法

图 2

图 3
悉尼歌剧院台基底
部结构

图 4
悉尼歌剧院倾斜的
混凝土壳体内部构
造

图 3

外观为三组巨大的壳片，耸立在南北长 186 米、东西最宽处为 97 米的现浇钢筋混凝土结构的基座上。第一组壳片在地段西侧，四对壳片成串排列，三对朝北，一对朝南，内部是大音乐厅。第二组在地段东侧，与第一组大致平行，形式相同而规模略小，内部为歌剧厅。第三组在它们的西南方，规模最小，由两对壳片组成，其内为餐厅。其他房间都巧妙地布置在基座内。整个建筑群的入口在南端，有宽 97 米的大台阶。车辆入口和停车场设在大台阶下面。剧院整个分为三个部分：歌剧厅、音乐厅和贝尼朗餐厅。歌剧厅、音乐厅及休息厅并排而立，建在巨型花岗岩石基座上，

图 4

图 1

各由 4 块巍峨的大壳顶组成。这些"贝壳"层叠排列，面向海湾依次展开，最后一个则背向海湾侍立，很像是两组打开盖倒放着的蚌。高低不一的尖顶壳，外表用白格子釉磁覆盖。远远望去，在阳光照映下既像竖立着的贝壳，又像两艘巨型白色帆船，漂浮在蔚蓝色的海面上，故有"船帆屋顶剧院"之称。那贝壳形尖屋顶是由 2194 块每块重 15.3 吨的曲面混凝土预制件，用钢缆拉紧拼成的，外表覆盖着 105 万块白色或奶油色瑞典陶瓦，经过特殊处理，因此不怕海风的侵袭。

在建成 40 多年后的今天，如何对悉尼歌剧院进行合理的保护与修缮是个重要命题。曾主持悉尼歌剧院修缮工作的艾兰·克罗克先生介绍说，2017 年，悉尼歌剧院发布了它史上第四份保护管理方案（Conservation Management Plan，CMP）。从建筑内是否能饮酒，到周围建筑对歌剧院的影响，一切都在考虑之中。新版方案旨在对歌剧院的原始设计者、丹麦建筑师约翰·伍重的设计理念进行保护和发扬。新方案展示了如何保护悉尼歌剧院，以及当有升级改造的需求时，也不可违背伍重的设计初衷的评判标准。20 世纪 90 年代末，澳洲政府重新开始与伍重先生联系，并任命他为悉尼歌剧院未来发展方面的设计顾问和监督，负责翻新接待区域等。克罗克先生认为"伍重设计的悉尼歌剧院不仅仅为艺术表演提供了场地，还提升了这些表演的品位"。新方案还指出，不要在悉尼歌剧院放置任何"过于白色"的标志、家具等，因为这些可能会与悉尼歌剧院 "风帆"的外观效果形成竞争。克罗克说，大家并不理解这件事对于悉尼歌剧院的影响，其实设计者伍

图 2
壳体结构与内部装潢的结合

图 3
面向大海一侧曼妙的金属百叶

图 4
自建筑西侧看悉尼歌剧院

图 4

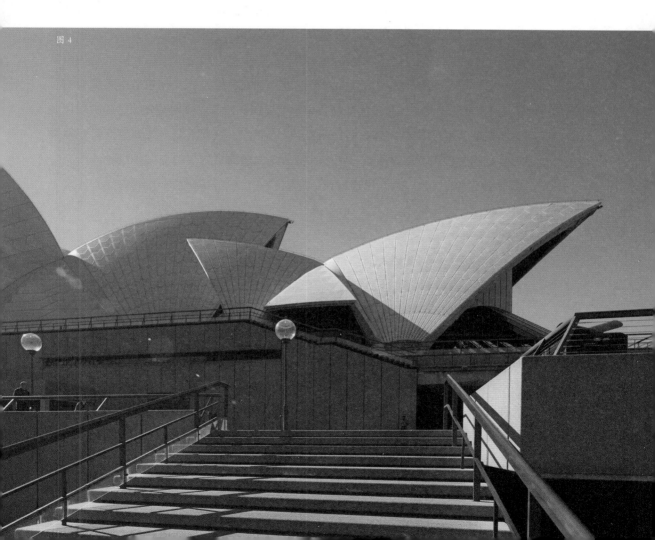

重曾在 1999 年指出，悉尼歌剧院外表面的瓷砖并不是纯白色，而是两种深浅不同的奶油色。这次的保护方案再次证明了悉尼歌剧院对于悉尼乃至澳大利亚的重要性。

图 1

事实上，近年来对于悉尼歌剧院的更新改造工程也时常会引起争议，如在 2017 年悉尼歌剧院升级改造工程中，施工方对外宣称将新建一个功能中心，该中心会占用原本悉尼歌剧院北边的宽阔步道，并且清除弯曲的墙壁和之前的餐厅。对此，悉尼市议会提出了反对意见，认为这样的改造将影响悉尼歌剧院作为遗产建筑的地位。然而，悉尼歌剧院的发言人却表示，升级改造工程得到了歌剧院独立建筑师与保护委员会的支持。除了这些容易引发争议的大规模升级改造外，对悉尼歌剧院的日常维护工作也是至关重要的，如 2018 年，克罗克先生及团队就曾组织专业团队对悉尼歌剧院外墙贴砖的现状进行过勘验，每块墙砖都经过人工检测，以依照保护管理方案去评判是否需要维修或更换。当然其中也面临着一些技术挑战，如因海风湿气等原因，原先洁白的砖缝已经变成暗黑色，甚至出现霉斑，专家们正在着手寻找最合适的修缮方法解决这一难题。

※ 海德公园军营博物馆

海德公园军营是联合国教科文组织世界遗产在悉尼的历史中心。军营是为容纳和控制男性罪犯而建造的，作为殖民地罪犯系统的行政枢纽，它产生了深远的影响。1848 年后，它庇护移民女孩和年轻妇女，照顾年龄较大、生病和贫穷的妇女。军营的故事汇集了罪犯生活、原住民复原力和自由移民的关键线索，讲述了澳大利亚现代开端的故事。海德公园军营由建筑师弗朗西斯·格林威设计。1819 年至 1848 年间，政府在此安置了 15000 名男性罪犯。海德公园军营博物馆商店专门从事有关澳大利亚殖民历史书籍的销售。海德公园军营博物馆于 2019 年 1 月 29 日起关闭，这是一个重大的更新项目——将被教科文组织列入世界遗产名录的遗址改造成世界领先的

图 2
考察团在谢尔丹·伯克曾经工作过的遗产建筑前合影

遗产目的地。

※AMP 大厦

这是悉尼首次突破 1957 年实施的 46 米 (150 英尺) 高度限制的高层建筑、多年来它一直是这座城市天际线中的制高点。该建筑最初有一个屋顶观景台，高 100 米。AMP 大厦从 1958 年建造的墨尔本的奥利卡之家（Orica House）中夺过了"澳大利亚最高（建筑）的称号"。直到 1965 年，它一直是澳大利亚最高的摩天大楼。AMP 大厦大楼于 1996 年被列入澳大利亚遗产建筑名录。

※ 澳大利亚康科德历史建筑啤酒厂更新项目

该项目位于悉尼 CBD 边缘，集合了热电冷联产工厂的固定设备和历史上著名的 Carlton & United 啤酒厂。啤酒厂区（可追溯至 20 世纪早期）位于 6 公顷地块的中央，现在被称为中央公园。建筑设计由 Tzannes 完成，改造总面积达 26400 平方米，于 2015 年完工。啤酒厂是地块留存的遗产中最大的建筑群，设计方以最直接的方式呈现这处直到 2005 年还在运营的啤酒厂，并利用该项目在城市脉络中打造出一个令人难忘的新技术设备的形象，同时也能够满足冷却塔所需的技术要求，并提高了建筑物的文化价值。建筑师开发了一种合理的创新方式来解决这个问题，

图 1
悉尼中央公园大楼

图 2
澳大利亚康科德历史建筑啤酒厂更新项目

新方案的形式来源于现有屋顶轮廓的复杂外形和内部工程固定设备形成的有机规则形式的整合。该建筑的上部表皮是定制的镀锌网片，就如同把布料覆盖在弯曲的框架上。金属网的透明度降到最小，以加强外形的固态属性，同时为需要大量进气的冷却塔保障空气渗透性。新设备恰如其分地悬置在之前的旧锅炉房上，扩展了场地中传统的建筑物的细部。该项目实现了社区效益，它为城市边缘地带全新混合用途的开发项目提供了高效节能的电力和冷热水的来源，同时也打造了将新技术设施和历史建筑相结合的范例。设计既尊重了城市文脉，也让这个重要的新技术设施成为城市环境中引人注目的一部分。

"ICOMOS 系列演讲：中国 - 澳大利亚 20 世纪建筑遗产座谈会"

晚六时，在 GML 遗产办公空间举行了"ICOMOS 系列演讲：中国 - 澳大利亚 20 世纪建筑遗产座谈会"，金磊副会长、天津大学出版社原副社长韩振平、陈雳教授及朱有恒主任（代表李沉）分别发表主旨演讲。活动由伯克女士主持，澳大利亚 DOCOMOMO 秘书长，国际建筑师联合会（UIA）前

图 3
座谈会发言嘉宾

图 4
金磊副会长在座谈
会中对中国 20 世
纪建筑遗产做系统
介绍

图 5
谢尔丹·伯克等专
家翻阅《中国 20
世纪建筑遗产 [第
一卷]》

图 1
路易斯·考克斯担
任会议主持

图 1

任主席考克斯女士致辞。来自澳大利亚 20 世纪建筑遗产保护领域的专家、学者、建筑师及高校学生近百人参加活动。

在致辞中，考克斯女士对中国文物学会 20 世纪建筑遗产委员会考察团队的到来表示由衷的欢迎，她表示本次中澳 20 世纪建筑遗产座谈活动的举行，以中澳两国学术团体的交流互动为契机，为如何保护我们的建筑文化遗产提供了可贵的话语平台。她说："中国是 20 世纪建筑遗产资源非常丰富的国家。据我了解，近年来中国加大了对 20 世纪建筑遗产保护的力度，尤其在包括中国文物学会 20 世纪建筑遗产委员会为代表的学术团体的努力下，建筑遗产保护理念在专业领域及社会公众中逐渐树立并取得了很多令人瞩目的学术及实践成果。澳大利亚虽建国历史并不算悠久，但自始至终对历史建筑包括 20 世纪建筑遗产的保护十分重视，也有一些经验得到了国际业界的认可，双方的交流将是十分有意义的。期待听到中国专家们的精彩演讲，希望今后双方以多元形式加强合作并相互交流。"

金磊副会长以"中国 20 世纪建筑遗产的保护现状与当代发展"为题作主旨发言。在发言中，他从中国文物学会 20 世纪建筑遗产委员会自成立以来完成的"中国 20 世纪建筑遗产项目"评选认定工作、图书出版、学术活动、专题展览等方面介绍了中国 20 世纪建筑遗产保护概况；向与会专家解析了《中国 20 世纪建筑遗产认定标准（2014 年 8 月 北京）》的编制依据及主要内容；特别以"北京十大建筑"及入选"中国 20 世纪建筑遗产名录"两个极具代表性项目——重庆 816 核工业基地（规模最大项目）及安徽国润祁红老厂房（规模最小项目）为例，展示了中国 20 世纪建筑遗产项目的特征与意义；还介绍了以梁思成、杨廷宝、张镈等为代表的中国建筑巨匠在中国近现代建筑史上的突出贡献；最后，他提出中国文物学会 20 世纪建筑遗产委员会希望在 20 世纪建筑遗产与塑造城市标志性建筑、20 世纪建筑遗产与国民建筑文化普及、20 世纪建筑遗产与遗产诸学科的交叉研究及联合、20 世纪建筑遗产与发挥非政府组织作用等诸方面与澳大利亚及世界各国合作的相关建言。韩振平老师则以中国 20 世纪建筑遗产保护与利用理念的文化传播为主题，向澳方专家介绍了近年来天津大学出版社与 20 世纪建筑遗产委员会共同合作完成的出版工作，并表示通过参加本次考察，了解到澳洲的建筑师们是如何对待与保护 20 世纪建筑遗产的，体现了一种全面保护的理念。哪怕只剩下一个外立面可用也要保护，修建好建筑，让人们仍能看到原有建筑的风格。陈雳教授则对中国近代建筑教育和 20 世纪校园建筑遗产进行了梳理分析，他提出当今中国的建筑教育是近代建筑教育体系的延续和发展，并总结了 20 世纪 20 年代到 20 世纪末中国建筑教育的发展历程。同时对近代

图 2
与会专家合影

图 2

新西兰、澳大利亚20世纪建筑遗产考察

著名的建筑学者和教师团队、建筑教学的状况及代表性的学校建筑教育的发展进行了较为详细的阐述，并对于中国 20 世纪校园建筑的风格做了分析和整理。他认为，对于 20 世纪近代中国校园中的建筑遗产保留不仅仅是保留了旧建筑的形式，更是建筑界的财富，亦是中国历史的财富。朱有恒主任以"图片记录下的中国 20 世纪建筑遗产"为题，用一幅幅精美的建筑摄影作品，向嘉宾们展示了中国 20 世纪建筑遗产的风采，并讲述了这些经典作品背后的故事。他说：优秀的建筑照片，为人们提供观察 20 世纪中国建筑的新视角，照片审视和记录了中国 20 世纪社会发展进步的文明轨迹，以建筑遗产为载体，发掘并确立中华民族百年艰辛探索的历史坐标，对于理解中国现当代建筑发展脉络，对于从城市与建筑视角审视中华民族百年建筑经典之时代价值，对于鼓舞当代建筑师都有非凡意义。

5 月 8 日 悉尼

考察重点是澳大利亚现代主义建筑之父哈里·赛德勒（Harry Seidler，1923—2006）在悉尼的代表作品。在乔蒂·萨默维尔和安妮·沃女士的引领下，考察团参观了包括米尔森公寓（Milsons Point Apartment）、澳大利亚广场（Australia Square）、海湾公寓（Cove Apartments）、MLC 中心（MLC Center）等经典作品，使考察团近距离感受了一位澳大利亚 20 世纪建筑英才。

2019 年正值包豪斯学院建院百年，而哈里·塞德勒则是第一个在澳大利亚充分表现包豪斯学派风格的建筑师。他的第一个项目，是在 1950 年为他的父母建造的"罗丝·塞德勒住宅"（Rose Seidler House）。这个项目位于悉尼北面的沃隆，在澳大利亚的现代主义建筑史上占有举足轻重的地位。在当时相对保守的澳大利亚郊区，这个作品有着诸多"激进"的设计处理——从天花到地板的落地窗、平屋顶以及灵活的隔墙。当地委员会甚至打算采取相关行动阻止这个房子的实现。落地完成之后，不少当地人会在周末专门跑来看看这个"特别"的房子。哈里·塞德勒出生于维也纳的一个上层中产阶级的犹太家庭，他的父亲马克斯·塞德勒（Max Seidler）是一个白手起家的纺织公司的老板，他的母亲罗丝·塞德勒（Rose Seidler）出生于拥有一家木材加工厂的大家族。1938 年，在纳粹德国入侵奥地利之后，15 岁的哈里·塞德勒逃到了英国。1940 年 5 月，他被英国当局作为"敌方外侨"拘禁，最初流放到马恩岛，然后被送到加拿大魁北克城附近的隔离营。1941 年 10 月，他被假释，前往温尼伯的马尼托巴大学（University of Manitoba）学习建筑。哈里·塞德勒在哈佛大学设计研究生院获得硕士学位，他 1945—1946 年在那里依靠奖学金学习，师从瓦尔特·格罗皮乌斯（Walter Gropius）和马歇·布劳耶（Marcel Breuer）。后者成为他终生的导师和朋友。随后，他又进入北卡罗来纳州的"黑山学院"（Black Mountain College），师从画家约瑟夫·阿尔伯斯（Josef Albers）。不久，他前往纽约担任马歇·布劳耶的助手。1948 年，哈里·塞德勒的母亲召唤他去澳大利亚（他的父亲在战后移民澳洲），为他们设计一所住房。在去澳大利亚的途中，哈里·塞德勒在里约热内卢的奥斯卡·尼迈耶（Oscar Niemeyer）的办事处工作了几个月。1948 年 9 月，哈里·塞德勒在悉尼建立了一个小建筑事务所。这个雄心勃勃的 25 岁的青年建筑师发表了一个声明："澳大利亚现在的建筑都是过时的，它们迫切需要复新。我们事务所的方针是创立新的标准，设计先进的当代建筑。"哈里·塞德勒多产的设计生涯几乎延续了 60 年，证明了他的论断是正确的。

他设计了近 160 个项目，从独户住宅到公寓楼，从多层办公楼到市民文化中心。他还设计了不少重要的政府建筑。这些项目分布于澳大利亚、奥地利、法国、以色列、意大利、墨西哥和中国。哈里·塞德勒的作品很容易就能认出来。其特点是起源于巴洛克建筑的明显的几何形式；构图给人以强烈平衡感觉；表现出对结构和材料的理解；极具创新的遮阳设施，表现出对澳大利亚的强烈阳光的回应。这些使他

图 1
考察团于悉尼海港大桥下合影

图 1

图 1
哈里·塞德勒工作
室办公楼及私宅

图 2
哈里·塞德勒故居
内部

图 3
哈里·塞德勒工作
室办公空间内，将
建筑结构与通风照
明进行了完美的结
合，同时兼顾了艺
术性的表达

图 4
自哈里·塞德勒工
作室屋顶天台眺望

成为澳大利亚最有特色及艺术性的建筑师，也成为当时最执着的天才建筑师之一。在他的职业生涯中，战略性地对这些东西进行搜寻和提炼：向格罗皮乌斯学习信心、社会目标和合作设计方法；向布劳耶学习住宅设计类型、混凝土的力量和木材的暖和风格；向皮埃尔·奈尔维学习标准建筑体系和表现结构语言；向尼迈耶学习雕塑的流动性和热情奔放的造型；向约瑟

夫·阿尔伯斯学习对可视现象深刻的理解。从 20 世纪 70 年代起，哈里·塞德勒的设计日益受到美国抽象表现主义画家和雕塑家的模块式作品的影响，逐渐发展成为一种独特的艺术语言，并得到国际业界的认可。并且，塞德勒的晚期作品，不管是自由的和雕塑性的，都不是随意的。他的宏伟建筑，都体现了精细的设计，高效的施工方法及对社会和环境的认真考虑。哈里·塞德勒在我们的世界留下了明显的标记，最著名的是他设计的在巴黎的澳大利亚大使馆（Australian Embassy）、中国香港的香港俱乐部（Hong Kong Club）、在维也纳的新多瑙住宅公园（Wohnpark Neue Donau）住宅区。更重要的是，他设计的许多有特色的大厦，基本上确定了

图 5
哈里·塞德勒建筑师宣传手册

图 6
考察团于哈里·塞德勒故居内合影

现代悉尼的城市轮廓线。

对于自己的执业理念，赛德勒总结道，当一个"现代派建筑的火炬手"，就应是一个现代主义真诚的宣传者。他对建筑的信念一直是正确的，他把建筑作为一种使命，要把世界改造得更好；他是一个真正的改革者——不仅针对他自己的作品，而且针对他理解的东西发表意见。如他支持约翰·伍重的"悉尼歌剧院"；抗议由迈克尔·格雷夫斯 (Michael Graves) 和马歇·布劳耶设计的纽约"惠特尼博物馆"。哈里·塞德勒的想象力是超群的。他往往从多种学科，如艺术、几何学、历史等得到启示。他并不认为现代主义是教条的，而是关注各种各样的几何体、形式、表达方式。对他来说，只是想去获得更多的经验，因此试图从多种艺术形式获得灵感。他也受到了绘画以及雕塑的影响。他曾周游世界去找艺术品，同时也找到了一位他后来长期合作的雕塑家。每一次谈到其他艺术家对他的影响时，他都会强调这种影响是极为强烈且重要的。从他的建筑一步一步发展为与圆有关的形式，可以看出那些艺术品关于圆形、几何形的艺术图案对他的建筑的影响，可以看到他对几何图形的不断学习与应用。他用许多的空间去收藏艺术品，这些藏品的一个特点就是具有四分之一圆弧、半圆之类的元素。在他的书中他也写到——没有必要去进行转换，我们只需要"重新发现"——所以他很高兴他能够延续格罗皮乌斯和布劳耶的设计。

※ 澳大利亚广场

图 1
自澳大利亚广场一层阶梯处仰视建筑

这座建筑设计于 1961 年，1967 年建完，建筑面积 65000 平方米，系石英面预制立面混凝土结构。该项目于 2012 年荣获国际投资协定国家持久建筑奖，2012 年荣获 RAIA（新南威尔士州）持久国家建筑奖，1967 年荣获 RAIA 公民设计奖等。这座建筑 是悉尼第一个高层办公大楼，由荷兰移民开发商 G.J. 杜塞尔多夫（G.J. Dusseldorp）投资建造。这座 50 层高的圆形塔楼仅占场地面积的 25%，而总建筑面积是场地面积的 12 倍。原有的城市街区仍为市民提供公共空间。新创造的户外空间涵盖了树木、喷泉和室外餐厅。弯曲的外立面墙壁使空间从视觉及空间上将道路和停车场分离开。如今这里是市民流连忘返、放松惬意之所。

图 2
在海湾公寓的屋顶平台向北远眺，高层建筑的间隔留出了悉尼歌剧院的视线角度

※ 海湾公寓

这座公寓于 2003 年开始设计，2004 年完工。建筑面积 25000 平方米，高 56 层，共有 212 户，系预应力地板混凝土结构。该项目曾荣获 2005 年 IES 照明设计表彰奖、2004 年 RAIA 城市设计奖、2004 年 RAIA（新南威尔士州）多重住房奖，2004 年国际高层建筑奖。由于土地的限制，几乎不可能在必须保留的现有建筑物旁的区域内规划具有充足光线和空气的公寓。因此，设计需要容纳健身俱乐部、会议室和一个 25 米的游泳池等功能空间。这些区域在空间上垂直打开，以分享从上面获得的日光。220 间公寓面积各异，屋顶上有开放的内部空间和私人游泳池，每层有 4~5 个单位。这种混合的公寓形式在塔楼的外墙上体现出各种不同的表情。阳台和窗户根据单位的大小而变化，这种变化进一步丰富了建筑物的外观避免了西晒。阳台外的饰面由闪闪发光的金属板制成，颇具特色。

※MLC 中心

MLC 中心落成于 1977 年，作为哈里·赛德勒的最后作品之一，它的现代主义曲线是悉尼天际线上的一个特色，具有里程碑意义。建筑立面以优雅的轮廓、鲜明的白色混凝土、白色石英和玻璃组成，好似一个精美的造型雕塑。全楼共 67 层，查尔斯·佩里和约瑟夫·阿尔伯斯的一系列巨幅平面艺术品被安置在门厅和室外公共空间中，以表达对已故哈里·塞德勒的敬意，并彰显他对澳大利亚建筑设计领域的远

图 1
MLC 中心入口前
广场

见卓识。大楼底部优雅的开放空间，更成为市民用餐、交流、聚会不二之选。

在随后的 5 月 9 日、10 日行程中，考察组主要参观了悉尼城市及周边，如蓝山地区、鲁纳小镇（Leura Town）、海边悬崖大桥（Sea Cliff Brideg）及周边的战争纪念遗迹等，5 月 11 日圆满完成任务返回中国。

结语

相对于新西兰、澳大利亚两国丰富的文化遗产项目而言，13 天的考察行程是十分短暂的。由于希望在有限的时间内开展更多的项目调研，因此对每个项目的了解还不甚深入，获得的资料也多有欠缺。但这次考察的意义不仅在于调研，更在于通过专业真诚的交流与互动，使中国文物学会 20 世纪建筑遗产委员会与澳大利亚方面的高校学术研究机构、建筑设计机构、民间遗产保护组织乃至 ICOMOS 的 20 世纪建筑遗产学术组织建立了重要联系，这都将为未来开启中国与国际非政府组织在 20 世纪建筑遗产保护与利用领域合作的新篇章奠定坚实的基础。

对此，我们至少有三点收获。

其一，与国际组织建立了联系。通过交流与研讨，以书为媒，通过介绍中国 20 世纪建筑遗产历时多载的登录制度与项目，展示给澳新建筑遗产界一个中国新面孔，使他们对中国的认知从一个古老的国度，转变为 20 世纪现代建筑文明的新识。此

图 2
笔者苗淼于罗土鲁阿政府花园前留影

图 3
笔者苗淼（右）、朱有恒于蒂普亚地热文化村内留影

次交流，一方面让中国建筑学人理解了世界，同时也让世界建筑界从文化遗产角度更加理解中国。

其二，通过用 20 世纪中国经典建筑作品与国外对话，让世界 20 世纪建筑遗产舞台上有了中国身影。以墨尔本火车站、悉尼歌剧院为代表的澳大利亚乃至世界文化遗产项目，其始终坚持的保护策略，给中国建筑学人一系列感悟。此外，外方建筑师也对诸如祁红老厂房的创意设计，对百年首钢创意遗产的冬奥会模式，对尚未更新改造但潜力巨大的重庆 816 核工业项目的利用充满兴趣。对话是产生交集的关键，对话为中国 20 世纪建筑遗产走向世界打开通途。

其三，围绕中外 20 世纪建筑遗产保护与创新的交流，体现了当代建筑师对城市的态度。一方面从 20 世纪建筑的经典性可透析城市精神，因为这里有建筑的风格与品性，有建筑塑造城市的"基因"；另一方面它使城市文化与城市文脉有了真正的"抓手"。日本建筑大师桢文彦曾说，"像东京这样的日本城市其 DNA 就是建筑文脉所具有的肌理感"。考察团专家认为，这种难以忘怀造就了墨尔本与悉尼，造就了北京与上海的一系列当代建筑的不同。中国城市化的特色研究，就是要在传承中寻求创新，我们与自己相比虽然已经在进步，但在经典建筑保护与当代创新设计上任重道远。

（执笔 / 苗淼 朱有恒 图片 / 万玉藻 朱有恒 李沉）

新西兰、澳大利亚
20 世纪建筑遗产考察文化随笔

多元文化语境下的澳大利亚更吸引考察团的，不仅有城市景观、传承与创新融为一体的建筑，还有发展方式与生活方式都呈现"绿色"的环境文化。无论是观察与交流，甚至驻足书店，澳、新大地、江河、空气乃至食物都充满浓郁的诗意。尽管，澳大利亚曾在历史上有过逐利动机下的生态危机，但如今它的生态可持续教育在全球堪称范例。本书的随笔文章有建筑、摄影、艺术等感悟，也有《中国建筑文化遗产》编辑部记者特别编研的澳大利亚文学，希望它们对走进并了解建筑遗产之外的澳、新两国历史文化、风土人情起到作用。

HINDMARSH

HERE
AT HOLDFAST BAY
LANDED THE
PIONEER SETTLERS
AND
GOVERNOR HINDMARSH
ANNOUNCED THE
ESTABLISHMENT OF
THE GOVERNMENT
ON DEC. 28TH 1836

澳新建筑遗产考察观感

韩振平

2019 年 4 月 29 至 5 月 11 日，作为学会的专家我参加了中国 20 世纪建筑遗产考察团，赴新西兰、澳大利亚考察建筑遗产经典项目，学习和交流了保护的成果，参观了这些城市的建筑和城市风貌，留下了颇深的印象，以他人之石对比我国 20 世纪建筑遗产的保护现状，有感于是。

这次考察的最大收获是秘书处的周密细致的安排。所到的每处考察地都有 ICOMOS 20 世纪科学委员会及其专家热情接待和认真讲解，让人不虚此行。澳新两个国家的历史不太悠久，但他们都是把旧的建筑视为珍宝全面地加以保护和建设。我们所到的每个城市，大街小巷尽显不同时代与不同风格的建筑，新的建筑设计既没有影响原有建筑风貌，也能够使参观者感受到曾有的浓重的历史氛围。那些时代久远的建筑因不同原因被损坏，他们也不轻易放弃，而是要想方设法修复。哪怕只剩下一面墙有保留价值，也要加以保护，也要让后人看到建筑的原貌，甚至街道设计的风格也不允许遭到破坏。这样的街景呈现给人们不同的建筑艺术和不同的建筑风格，同时也让人理解其是具有文化底蕴的街区，使人们流连忘返。

澳大利亚国立大学名誉教授肯·泰勒带我们登上了堪培拉的安斯利山顶，俯瞰了堪培拉轴线。堪培拉被誉为"大西洋的花园城市"，这座花园城市建成以来，一直保持原有的格局，完善和发展了各类建筑，这些建筑已经成为 20 世纪经典，只有保护才能使这座"花园城市"永葆青春。大卫·威克斯德夫妇为我们讲解了墨尔本联邦广场以及弗林德斯街火车站。他们的保护更加科学化，新的建筑不能影响原有空间效果，限制高度，设计精美，艺术感强，色彩丰富，交相辉映，建筑空间高雅非凡。

在参观悉尼歌剧院时，从建筑师

图 1
笔者与金磊（左1）、金寅成（左2）在墨尔本大学合影

102

图1
笔者与艾兰·克罗克在悉尼歌剧院前

图2
笔者将图书赠给谢尔丹·伯克

图3
笔者与李沉（左1）、万玉藻（左3）合影

艾兰·克罗克先生的介绍中我们才知晓，建筑保护从这个建筑建成后就开始了，这是一种崭新的理念。在歌剧院交付使用后就组织了一个建筑遗产保护的团队，这些设计人员留下来的第一个任务就是不断地完善在最初设计时存在的不足之处，根据实际的需求拓展具体功能，如大步道的改进。最近他们还增设了无障碍人员的电梯。这部电梯放在什么位置，让建筑师费了不少的脑筋——既不能影响观众出入的流线，还要美观——最后选择在一个角落，为给残疾人提供方便采用了玻璃结构形式。解决了电梯的安装问题，残疾人便能如愿来到歌剧院欣赏音乐。建筑师还要不断对建筑进行保护。歌剧院的顶部镶有很多小方瓷釉，时间长了就要脱落，影响美观。建筑师们研究后拟定用人工检测的方法，定期安排人员用木锤敲瓷砖，稍有问题就予以更换。悉尼歌剧院在建筑遗产保护方面给我们提供了一个生动的例证，在设计交工之后增加这些保护措施，使设计的效果更加完善，保护也得以落实，塑造了一座不断生长的永恒地标。

建筑师带我们参观了澳洲大师哈里·赛德勒故居。这个建筑一直以来都在保护中，内部空间在不断改造更新以适合现代办公的需求。屋顶进行了改造，增设餐

Error

饮功能，便于观赏城市的美景。建筑屋顶经过美化后，打通了窗户与另外一个建筑实现连接，十分巧妙。

图 4
笔者在堪培拉旧国
会大厦模型前参观

南澳州立图书馆是一个古老的建筑，为满足人们的现代化需求，扩大了使用面积，在两个老建筑的阅览室中间采用玻璃幕墙结构连接。内部按照现代化的装修风格虽与老建筑截然不同，但别开生面。这两种装饰风格给人们带来不同的感受，这种方式的改造是值得提倡的。我们还参观了由一个小小的穹顶建筑改造而成的演出场所。周边绿化形成景观，旧的工业建筑也得到保护，烟囱用铁箍扎起来很美观，使人们体验到那个时代工业建筑遗产的存在价值。

考察团一行还到了南澳大学西校区建筑、艺术和设计学院，校长和相关的教授与我们交流了学校的历史和教学情况。他们对建筑环境和美学高度重视，有许多研究成果，档案博物馆有大量的图书和各类的文献资料，十分珍贵，我们应该跟他们合作，以借鉴他们的成果。

此次澳新考察对我来说是深刻的，他们对 20 世纪建筑遗产的保护是全方位且全面继承，把建筑作为一种文化加以保护和完善，因此给城市创造了美好的生活环境。相比之下，中国的 20 世纪建筑遗产的保护工作还存在很大的差距，在此提出一些看法。

（1）天津大学出版社过去曾为中国 20 世纪建筑遗产的保护在传播上作了很大努力，出版了不少的著作，这次的交流会上也进行了展示，但还很不够。今后，我们首先应该加强宣传国外对 20 世纪建筑遗产保护的理念和做法，展现他们保护的成果，以利推动中国的保护工作。特别要宣传其文化和艺术水平及在社会发展中起到的作用，让人们了解到应该如何使 20 世纪建筑文化保护落到实处。

（2）中国的城市虽已有 20 世纪建筑遗产保护的专家队伍，但要再加细化，真正成为一个门类；由城市的相关部门组织专家编制保护的条例，对 20 世纪建筑遗产进行普查、建档、研究保护的策略，贵在形成城市特色。

（3）应该在高校中增设 20 建筑遗产保护专业，它将为规划师、建筑师提供崭新思路，使保护和改造同时成为城市建设的重要方面。

堪培拉建筑杂记

朱有恒

对于初来乍到的旅客来说，堪培拉无疑是座令人耳目一新的城市。这座城市空旷、轻松、简约、庄重。即便仅仅徜徉在街道之上，舒心地观看流淌在城市中心的一汪碧水，亦或一掠树影间倒退而去的建筑，你也能够意识到，这是一座"几何感"十足的城市。引导者首先将我们带到格里芬湖北岸一座规模不大的国家首都展览馆内。场馆中心有座巨大的城市沙盘模型，忽明忽暗的多媒体灯光和解说词着意展示着这座城市仅仅百余年的规划建城史。这就足以见得，即便是当地人也对此颇为自得。

与欧洲那些动辄蕴藏着千年历史文明的古城不同，堪培拉的特色恰恰在其年轻。年轻使其纯粹，使其更容易被读懂。就在仅仅百余年前，澳大利亚联邦经过长期的争论，决定舍弃悉尼和墨尔本，而将这块位于两座大型城市之间的乡村地区最终定立为首都，其后才将之命名为堪培拉。堪培拉显然没有足够的时间自然成长，突如其来的首都职能意味着"一蹴而就"的平地起城。

1911 年 4 月 30 日，一场关于堪培拉该如何"生长"的国际设计竞赛正式展开，

图 1
伯利·格里芬湖畔
风光

137 份优秀的设计方案
接踵而至，最终由美国
芝加哥建筑师伯利·格
里芬夫妇夺魁。在这份
大胆的设计方案中，流
经市域中心的涓流莫朗
格洛河最终被拓展成为
以设计师本人命名的伯

图 2
20 世纪 20 年代后
期的堪培拉

图 3
格里芬设计初稿

图 4
1913 年格里芬设
计方案

图 5
格里芬湖未拓宽之
前的规模

利·格里芬湖。湖区东西绵延 11 公里，南北最宽处约 1.2 公里。原本的湖面设计轮廓由几何形状构成，但后续方案中被修改得曲折蜿蜒，信马由缰，相较之下显添几分生机。围绕湖区中心，联邦大道、宪法大道和国王大道三条笔直颀长的大道围合成了一个庞大的正三角形，其中两条大道横跨湖上，每一边长约 3.6 公里。军、政、民三大城市分区有序地自三角形的三个顶点次第展开，使城市功能均匀而和谐地布置开来。三角形的南北中分线将南侧的国会山与北侧的城市高地安斯利山相串联，除位于国会山上的新旧国会大厦以及安斯利山脚下的澳大利亚战争纪念馆外，整条轴线完全没有任何视线遮挡。尤其站在安斯利山顶观景台上南向远眺，圆圈加上射线，结合无数大大小小的六边形、三角形，整个城市结构宛如在大地上浓重印刻而成的几何构成作品，雄浑壮美，极富张力和想象力，给人以难以言喻的震撼之感。

作为首都的堪培拉其实是一座"微型城市"，这里人口总数只有不到 40 万。我不禁怀疑除了首都职能、旅游产业和一部分文教，这里是不是就什么也没有了。如此说来，这座功能相对单一的城市对旅游者来说宛如一座巨大而精致的公园，每一条街道、每一栋建筑、每一条河流、每一颗树木，仿佛都是特意为游客观赏而设计。

图 1
1963 年版伯利格
里芬湖岸规划发展
图

图 2
旧国会大厦立面图

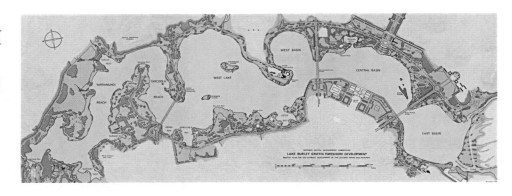

而居民作为这个"公园"的运营者和表演者融入其中，展示的是这个城市的文化和
生活。愈加观览，愈有一种乌托邦般的不真实感，直如置身楚门的世界。

　　最为难能可贵的是，作为为数不多的全城规划城市之一，堪培拉将格里芬 1912
年的规划发展遵循到底，贯穿始终。即便百年来的建造根据实际的使用需要几经变
更，但整个城市的母题既未变更，亦未湮没，自始至终代表着这座城市的格调和做派。
在格里芬最初的方案中，市中心的道路应该是类似欧式的街道，底层商户、上层居
住的沿街商铺鳞次栉比，街边宽敞的人行道可供人休憩，道路的中间铺设有轨电车

图 2

等交通。然而真正按格里芬方案实施的只有市中心一两个社区，更广阔的地域都采用了一种更低密度的规划手法，轨道交通也直到 2019 年才正式开通。

国会大楼的选址也是后续修改的要案之一。在格里芬的构想中，国会大楼将位于国会山和湖岸连线的中心位置，而他原本在三角形政治一角规划的是一座用于举行公众仪式、存储档案以及纪念澳大利亚人光辉成就的公共建筑。从轴线北侧遥望过来，公共建筑的位置高于国会，取人民高于政府之意。不过随后的当政者似乎认为这样的安排无法体现国会至高无上的地位，于是一座新国会被构筑在国会山山顶，成为了今日的格局。

旧国会大厦始建于 1923 年，1927 年正式建成。同年，澳大利亚国会从墨尔本迁至堪培拉。这座建筑最初便是以临时国会的名义进行建造，计划使用不超过 50 年。建筑仅高三层，立面设计以一条强大的横向线条向两侧延伸开来，以匍匐之姿横卧在伯利·格里芬湖畔。设计采用了庄重的新古典主义风格，通体洁白，细节构造简约而唯美，没有采用古典建筑惯用的立柱、山花、檐口等石造构件，仅保留了古典主义的比例和秩序，更注重实质功能。大楼的平面布置基本承袭自墨尔本议会大厦的格局，中间为用于举行仪式的国王厅，参议院和众议院分置两侧。最终新国会大厦

图 3
旧国会大厦中央厅

图 4
旧国会大厦众议院
议事厅

于 1988 年建成，旧楼作为国会的使命正式结束。2009 年始，旧国会大厦以博物馆的姿态对外界开放，原两院议事厅、总理办公室和其他一些具历史意义的房间都按原样保存陈列以供参观。

堪培拉在建城初期也恰逢世界局势的巨大变革。仅在格里芬完成规划设计后两年的 1914 年，萨拉热窝事件将西方诸国纷纷卷入"一战"。澳大利亚本土虽然从未经战火洗礼，但作为英联邦的一员，陆续有约 41 万将士奔赴前线。战争的残忍从来都不带一丝怜悯，澳大利亚军队在前线骁勇作战，尤其在著名的加利波利战役写下光辉一页，最终付出了 6 万人战死，15 万人受伤的惨痛代价并赢得了世界的尊重。要知道，当时澳大利亚举国上下也不过区区 500 万人。

1916 年，澳大利亚战争历史学者查理斯·宾率先向联邦政府提出建议，堪培拉应该建立一座战争纪念博物馆，寄托对于那些为国捐躯的将士们的追思与崇敬。这是澳大利亚首次参与海外大型战事，那些牺牲者的名字理应被永久铭刻，他们家人、朋友的内心需要得到抚慰，整个社会都需要一份心灵的寄托。在这种特殊背景下，战争纪念馆的地位变得特殊，它无法融入于堪培拉已有的规划体系，放在任何地方都不足以承载人们对逝者的缅怀。于是原先的方案再次进行变更，最终选址位于国会山与安斯利山相连的这条仪式性最强的、原本没有规划任何其他建筑的城市轴线北端，与新旧国会大厦遥相呼应。

战争的阴影和紧随其后的大萧条让建筑的建造一拖再拖。1927 年，一场设计竞赛正式展开，两名胜出者被鼓励通过联合设计的方式共同完成纪念馆的工程。时间再度跨越至 1939 年，第二次世

图 1
澳大利亚战争纪念馆

图 2
墙壁上铜铸板铭刻着烈士的姓名和所属部队

图 I

图 2

图 3
纪念大厅及墙壁上
的马赛克形象

界大战的炮火清晰地预兆，这次战争的规模绝不下于第一次。那么尚未竣工的纪念馆就不能仅仅满足于对于"一战"的纪念，而应调整为对于澳大利亚所参与的所有战争的纪念。这座庄严肃穆的拜占庭风格建筑于 1941 年落成，而后又多次因功能需求而进行增建。如今我们所见到的纪念馆以一条狭长的院落作为引导，中间有一池泉水，两侧铺设步道。院落周边围绕着环廊，采用装饰风的建造风格，色调柔和，形式简约，纯净无华。

长长的环廊侧壁以铜铸铭刻了 102185 位在战争中为国捐躯者的姓名，西侧为"一战"部分、东侧为"二战"及其他战事部分。这些逝者只留姓名，不涉及生前职位等信息，取死而平等之意。廊道终点高耸部分为建筑的核心区域——纪念大厅，这是一个以八边形为平面带有高耸圆顶的拱形厅堂。四角墙壁高处以马赛克分别绘制了海员、女工、战士、飞行员四种形象。这座大厅保留着那些无畏者的光辉与荣耀。

伯利·格里芬湖沿岸的一系列"国字头"公共文化建筑是整个堪培拉建筑的精粹所在，其中给我印象最深的莫过于澳大利亚国立美术馆和澳大利亚最高法院。这两座建筑共同矗立在格里芬湖南岸，紧邻城市轴线的东侧依次而建。两座建筑共同采用了粗野主义的建筑风格，立面大量保留的混凝土原始外貌给人以沉重而严肃的力量感。

围绕国家美术馆项目的设计竞赛是于 1968 年展开的。在科林·马迪根从该竞赛中胜出的时候，美术馆的选址甚至尚未能确定。这是由于国会大楼的选址变更打乱了格里芬 1912 年的规划布局，加之两次世界大战以及期间经济萧条的影响，遂将

此事一直搁置了 50 余年。而这次竞赛的目的，也只是选择合适的建筑师来负责设计，而非选出某一个方案。3 年后，正式的选址确认下来，建筑于 1973 年破土动工，直至 1982 年竣工并对外开放。据悉英国女王伊丽莎白二世出席了开幕仪式。

尽管美术馆的外观设计极尽现代主义建筑之妙，但这座建筑最震撼的部分，是其室内以三角形为基础单位的混凝土网格屋顶。室内空间与室外相同，都保留了毛糙的混凝土原始质感，然而这样一副不修边幅的样貌却由于其逻辑严密的网格体系和比例融洽的空间关系，给人一种不同寻常的精致感受。三角形作为整栋建筑的几何母题在室内的运用无处不在，遍布于楼梯间、立柱等各种建筑构件上。用马迪根自己的话说，"这一概念的意图是将一种自由植入到设计语汇当中，以便使建筑物形式可以因需而变，但又始终表达其真实目的"。建筑设计的参与者之一詹姆斯·莫里森评价这座建筑说："这是一座非常有难度的建筑，因为它要使放置其中的艺术品显得比建筑空间本身更加重要。"但我实在很难认同建筑最终做到了这一点。

关于三角形混凝土网格屋顶，其实最初见于路易斯·康 1953 年所设计的耶鲁大学艺术馆，同样简单的外观设计隐藏着极高的工艺和审美水准。马迪根的设计在一定程度上致敬了大师的作品，但具体构造方式是否有不同却无

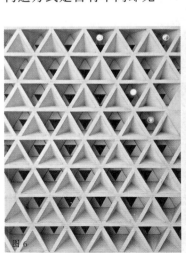

新西兰、澳大利亚20世纪建筑遗产考察

图1
镂空的球体在建筑
立面留下奇妙的光
影

图2
最高法院立面

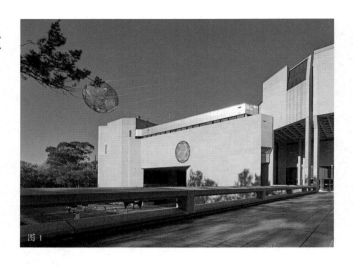

图1

时间细细考证。可以看到的是，马迪根在整栋建筑中将三角形的母题还原得更为纯粹，可谓将大师的设计灵感进行了有力延伸。

澳大利亚最高法院位于美术馆西北侧不足两百米的位置，几根细长几不可见的钢丝从两栋建筑上共同牵出，在建筑间的街道之上悬空拉起了一个镂空的球体。目测来看，球体的直径不下五米，既炫耀着精湛的设计与工程手法，又高调地宣示着两个建筑间千丝万缕的联系。

踏步进入法院内部参观，我几度怀疑自己对于其名称"HIGH COURT"的理解是否出现了偏差。因为眼前的景象实在无法与我所理解的法院有任何联系。高大而深远的室内环境，宽广的中庭和会客空间，粗犷的混凝土结构，看似随意而又暗合逻辑的坡道，巨大而又如悬浮般立于内庭之上的混凝土构造，墙壁上颇具现代风格的巨幅金属装饰构件，一切的一切都让我怀疑自己进入了一家先锋主义艺术的展馆，而非严肃庄重执掌国家神器的庙堂。虽然相同的设计风格和立面选材会本能地

图2

图 3
最高法院中厅

图 3

带来雷同的印象，但最高法院的几何母题变三角为方形，顿时与美术馆机敏而不羁的形象拉开了距离。

最高法院的设计竞赛开始于 1972 年。1973 年，在 158 份入围方案中，与科林·马迪根同属一家事务所的克里斯·科林加斯一举夺魁，这或许也有赖于他对于侧畔美术馆建筑协调性、一致性的把握。然而天有不测风云，在建筑开工前仅仅 1 个月时间

图 1
东侧入口坡道及墙
面装饰

图 2
立方体仅与柱子的
边缘交会

的 1975 年 3 月，38 岁的科林加斯去世。马迪根等人一同协助完成了建筑的设计建造，建成方案极大程度实现了科林加斯最初于设计竞赛中试图表达的建筑概念。建筑最终于 1980 年落成。

如果将美术馆设计上的"粗野"比作不羁文人放歌纵酒，那么最高法院的"狂野"可比三军主帅挥斥方遒。在这座通高 24 米的宽阔中庭的巨大空间内，三个审判室被包装为三个巨大的混凝土立方体，或倚东墙，或靠西藩，宛若悬挂般置于庭内不同标高上。其中一块立方体将支撑结构在视觉上巧妙的弱化、消隐，给人以大幅悬挑的错觉，却又将最外端头处侧落于一根柱子的细细边沿上，仿若支撑巨大体块均系于这一沿之力，举重若轻，其间设计之奇思，结构之妙想，足令人玩味良久。除三个硕大无朋的审判室以体块的形式凝立于中庭上方外，其他一切功能空间均隐藏于建筑另一侧，不与中庭空间相干扰，只留顾长的阶梯和坡道不厌其烦的联络其间，保留了两边空间的完整有序。

一切历史都是当代史，这对于澳大利亚这个年轻的国家、堪培拉这座年轻的城市来说尤为贴切。时至今日，93岁的旧国会大厦、79岁的战争纪念馆、40 岁的

图 3
国家首都展览馆入口玄关

图 4
笔者于新西兰红木林

最高法院、38 岁的国立美术馆均已被列入澳大利亚国家遗产名录。即便如此，也并不意味着这些建筑对于澳大利亚来说已经垂垂老矣，不可触碰。向前追溯，战争纪念馆的背后增建了澳新军团大厅，周边设无名战士墓，增设抗战雕塑于景观之中；国立美术馆也在东侧两次增建了新的展区甚至添加了新的"正门"；旧国会大厦建筑本体虽未作改动，但其中办公区域特意复原了使用期间每十年工作区的布置原貌，让人们对于事物的发展变化一目了然。在变迁中修整，在修整中使用，在使用中尊重，又以尊重的态度去保护。澳大利亚人对于建筑如是，对于堪培拉这座城市何尝又不是如此。在那个规模不大的国家首都展览馆入口玄关内，墙壁及天花写满了这个现在叫堪培拉的地域曾经有过的名字。他们并不因今日之成就而遗忘过往，但也并不妨碍他们继往开来。他们并不墨守格里芬 1912 年规划的每一个细节，而是在贯彻其核心概念的基础上不断优化，却永远不喧宾夺主。

堪培拉作为一座早期的全城规划城市的开篇已经完成了书写，也将被今人、后人继续书写下去。每个人所书写下的都是历史。

摄影师眼中的澳洲

万玉藻

图 1
悉尼歌剧院音乐厅

2019 年 4 月 29 日，我随中国 20 世纪建筑遗产澳新考察团，从北京出发，开始了对新西兰、澳大利亚建筑遗产的考察研究。

由于活动邀请方，ICOMOS 20 世纪建筑遗产科学委员会的官员和专家，已在各个城市等候，因此，考察团的参观调研、讲学研讨等学术活动，是在行程中不断展开的，悉尼一站是此次活动的高潮。作为建筑摄影师，我拍摄最多，感受最深的地方，同样在这里。

悉尼歌剧院，这座 20 世纪在全球最具特色的建筑，已在 2007 年被联合国教科文组织评为世界文化遗产。如果说世界各地的艺术家，以能在这里演唱演奏为傲，那么建筑摄影师，同样以能拍摄到精彩的歌剧院图片而自豪。

走进歌剧院，建筑的恢宏感扑面而来，然而，这里既没有名贵的材料贴墙，更不见高档的大理石铺地，裸露的水泥构件和彩色木条，就是大厅和公共区域装饰的主要材料，说它朴实无华，应该也算恰当。

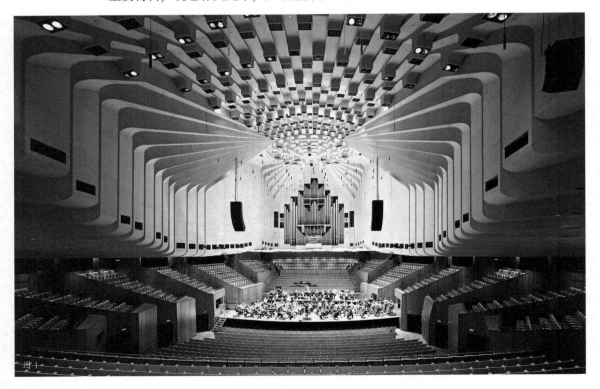

图一

图 2
悉尼歌剧院内部装饰

图 3
笔者在新西兰罗土鲁阿政府花园前

在我细品这一块块水泥构件时，看到构件上排列有序且大胆夸张的造型，正是钢琴内击弦组件的原型，或黑、或黄、或正、或斜的木质线条，装饰在水泥构件周围，让人们无论从什么角度对其观赏，它都像是一台打开顶盖的钢琴。难怪我在镜头中，看到的是建筑，感受的却是音乐。

沿台阶上行，相比公共区域的朴实无华，音乐厅却是豪华考究。舞台当然是大厅的视觉中心，舞台上方一圆形灯池，大小适度，白桦木制成的装饰，延灯池呈放射性伸展开来，仅这一眼就足以让观者感到震撼。然而，形式美只能满足于观众对建筑欣赏的快

感，形式美加之音响效果美，才是音乐厅内结构与装饰设计的成功典范。

　　此刻，我无法尽情地展开想象，时间告诫自己，拍照才是眼下的第一工作。

　　镜头再次聚焦到舞台上，一架巨大的管风琴成了图片的主题，据说是世界上最大的管风琴，它无疑是古典音乐的象征。在华丽装饰的衬托下，这一主题格外突出，我调整呼吸，按下快门。

　　5月5日清晨，考察团冒着细雨前往墨尔本大学。由于这天是星期日，当地很多人认为，周日休息比工作更重要，因而，我们此行没有校方陪同，只有从上海来澳定居的金教授。

图 1～图 3
墨尔本大学校内建筑

"这是一所新老建筑共存的名校"是我看到校园建筑后的第一感觉。在一栋栋、一组组百年老建筑的南侧，拔地而起的是一栋现代化教学大楼，通体的玻璃幕墙外，由流畅而有变化的板材线条包围装饰，几十根橘黄色立柱下细上粗，支撑着五分之一楼体，立柱与立柱上端变形相连，形成一道道拱门。星期天楼门紧闭，不然我们能由此穿行，那种感受肯定会如穿越童话时空般美妙。建筑周围自然是绿草和树木。

图 4
墨尔本弗林德斯大
街火车站

透过 16 毫米镜头，当我近距离观察那些橘黄色立柱时，开始猜想设计师设计时是怎样的想法和理念，他要表达的到底是什么？我几次变换位置，都无法避开有树干出现在镜头与立柱之间，在镜头中，我反复地看看立柱，再看看树干，忽然有一种异样的顿悟："立柱酷似树干从地下长出，因汲取大地养分而长成大厦。"我马上与旁边的建筑学人李沉交流我刚刚冒出的心得，对此，他也有着与我相近而不相同的体会。

仅凭在楼外一看，我们无法全面正确地理解建筑师的创作思想，所谓心得不过是见景生情的感性遐想。然而，建筑作品坐落于公众的视线之中，它能引来观者，让人以赞叹的心态浮想联翩，我想作品一定是成功的。

在澳洲多个城市举目可见，拥有蓝绿色玻璃幕墙的大厦比邻着高耸的教堂，豪华写字楼陪伴着百年火车站，现代教学楼与经典老教室共同形成了校园内的建筑文化。新老建筑各有特色又相互融合，无论是个体、群体、还是整体，所展现出的不

图 1
悉尼某处遗产建筑
屋顶雕饰

图 2
笔者与考察团成员
在奥克兰伊甸山

图3

图 3
墨尔本雅拉河畔风光

仅是建筑的艺术美，还有城市规划的合理性，和谐又自然。

　　应当地专家之邀，我们来到位于悉尼湾附近的哈里·赛德勒设计所考察交流。活动临近尾声，宾主共同登上楼顶平台，合影留念。当我调整相机，四处取景时，眼前的一幕又一次让我兴奋起来——一座古老的黑灰色十字架，与我们近到零距离，它与对面的现代化建筑群，形成的鲜明对比，给人以强烈的视觉冲击，"又是一幅新老建筑各争其艳、相映成辉的经典图片"。

　　"啪啪啪"连续的快门声把我从思索中唤醒，顺着总领队金磊会长镜头所指的另一方向，透过两楼间狭窄的缝隙望过去，我又一次见到她，悉尼歌剧院如莲花般坐落于悉尼港湾。我举起照相机，按下快门时的感觉是那么美好，那种美好的感觉已印在了照片上，更印在我的记忆中。

印象·实践·联想

李沉

从澳大利亚回来有半年多了，但澳新之行给我的记忆却依然清晰。这次出国的目的很明确：学习、体验、交流，同时多拍一些好照片，增加对美好事物的认识和记录，从文化比较与摄影的角度进行总结，对自己是一个很好的必要的提高。

印象

无论是新西兰还是澳大利亚，给我最深的印象就是当地的自然环境太美好了！从新西兰毛利人的小木屋、地热喷泉及周边环境、图腾木雕、红木森林，到在伊甸山上俯瞰奥克兰城市美景、战争纪念馆前巨大的绿化草坪，从入选全球最美图书馆——南澳州立图书馆令人难忘的景象，到阿德莱德港红色的瞭望塔，从墨尔本古老的火车站、充满现代感的维多利亚国立美术馆、高耸针状尖塔的墨尔本艺术中心，到能容纳3万观众的音乐碗、巨大的皇家展览中心、传统与现代相结合的墨尔本大学，从堪培拉的旧国会大厦、国家美术馆、高等法院，到著名的悉尼歌剧院、海港大桥、海边悬崖公路……从一直在心中神往的到许多第一次看到的，令我大开眼界；蓝天、

图1

图 2
从海上远观悉尼歌
剧院及悉尼城市天
际线

绿草、白云，新与旧的结合，传统与现代的交融，人文与自然的浑然一体，时间与空间的交相辉映……令我终生难忘！

实践

通过照相机镜头能够留下的瞬间，比眼睛看到的要少许多。这种参观中的拍摄，与"扫街"类似（其实就是"扫街"），16～35毫米镜头最好用。我是背着全套镜头去的，待看到另几位摄影师几乎全用大广角拍摄，我想为减少重复的几率，我

图 1
维多利亚州立美术馆

图 2
墨尔本悉尼迈尔音乐碗

图 3
墨尔本皇家展览中心

图 4
位于堪培拉的澳大利亚最高法院

就以中焦（镜头 24～105 毫米）拍摄为主吧，可能会少一些好照片，但如果用好了，同样也会拍到不错的照片。实际操作中我也是这样去做的，拍到一些自认为还不错的照片，但也确实丢掉了不少好的瞬间。

通过学习别人的照片，我找到了自己的不足：城市拍摄，特别是明确了目的是记录建筑、表现城市后，使用大广角是必须的，中焦只能起到一定的作用。既然要

图 5
堪培拉旧国会大厦
议事厅内部

图 6
南澳大利亚州立图
书馆旧馆内部

图 5

图 6

使用中焦拍摄，就要在拍照中加以注意。在拍摄中多观察、多思考、多走几步路，多动脑筋，也一定能拍出好照片。建筑摄影除了表现建筑的宏大、壮观外，还有许多局部、细节也非常优美，有些造型很有特点。一些建筑局部的特点能够表达建筑本体的主题，再加上建筑周边环境、光线、人物、色彩等衬托，可以共同表现出建筑的另一种神韵。

图 1、图 2
悉尼歌剧院内部

图 3
悉尼歌剧院台阶底
部构造

悉尼歌剧院是著名建筑，特别是其风帆状的外形，白色的外立面，在蓝天、大海的衬托下令人难忘。各种角度、不同构图、表现其伟岸雄姿的照片铺天盖地。而我采用了中焦镜头，拍摄与别人不一样的照片，在有限的时间内表现出悉尼歌剧院的另一种神韵……不同的线条，长的、短的、斜的、弯曲的，组成造型各异的几何构图，阳光下的建筑折射出深浅不同的光影，宁静、安逸的蓝色天空与阳光下白色的歌剧院弧形立面，给人以纯洁、无暇之感。而歌剧院外立面白色瓷砖组成有规律的线条，令人感到建筑的质感和生命。

遗憾的是，此行没有拍到一张比较满意的悉尼歌剧院外景照片，但愿今后还能有这样的机会。

这种拍摄与平时拍摄建筑是完全不同的感受，平时拍摄先是仔细查看建筑主体，找到光影关系，再支上三脚架，调整构图、光圈、速度，仔细瞄准……我又是近视眼，更要仔细。但这种"仔细"的拍摄完全不适于"扫街"的模式，"扫街"要求眼睛看得更宽，大脑反映更快，手脚更麻利。要真正做到工作不停，学习不止。

联想

新西兰、澳大利亚之行，我看到了许多美好的景象，特别是看到了两个国家在建筑遗产保护利用方面取得的成绩。

新西兰毛利人聚居区出口大厅的设计，将现代建筑与周边环境很好的结合，造型简洁明快，透明屋顶将光线引入室内的同时，也使得自然环境与室内融为一体。从室内仰看屋顶，建筑阴影给人以现代美感。聚居区图腾木雕与周边环境交相辉映，形成一个充满民族文化氛围的特殊场景，给参观者留下深刻记忆。

悉尼歌剧院建成至今的几十年中，围绕建筑的改建、维修出现了诸如色彩、材料、方法等许许多多的分歧，有关方面为了保持建筑的原有风貌，也进行了多方面的努力，使得悉尼歌剧院——20世纪的著名建筑得以按原有风貌保存下去。

中国20世纪建筑遗产保护工作，也同样面临诸多问题的困扰和纠缠。仅以拍摄照片而言，看似普通平常，但可做的工作有许许多多，这就需要勤奋努力。长期

图 1
笔者与考察团成员
在奥克兰伊甸山上

图 2
蒂普亚毛利文化村内的现代建筑部件

不断的坚持，这既是智力的付出，也是体力的奉献，更是毅力的体现。

建筑摄影是摄影当中一个单独的门类，更是表现建筑遗产的重要手段。建筑摄影既要忠实于建筑本身，又要艺术地表现其与周边环境的关系；既要表现建筑的细部、节点、表面材

料的质感，又要考虑其整体形象、本身所具有的特质以及建筑师所赋予的内在精神。通过对建筑的忠实记录，人们可以了解社会文明、经济繁荣、科技进步所带来的社会变迁和发展状况。不同的光影、构图、色彩，与不同的环境、人文的变化，赋予建筑以新的形象。而持续不断地记录建筑的发展过程，其产生的社会影响和作用将令人难忘。

为中国 20 世纪建筑遗产留下影像资料，说则容易，实则是一项艰辛的工作。这其中付出差别很大，成果差距也非常明显，但只有付出，才可能有所收获。回顾之前的拍摄，大多数是在记录，是完成任务，偶尔看到感兴趣的、认为不错的项目就想多拍几张。要改变这种认识和看法，我们首先要认真对待每一个项目，多思考、多观察、多学习，及时总结，找出问题，重要的是要找到方法拍出更好的照片，拍出能够与建筑相符的照片。

美国摄影家阿诺德·纽曼说过："我们不是用相机在拍照，而是我们的心和头脑。摄影是用镜头和快门把瞬间便成永恒，是要眼中有活儿，心中有想法。"

真是如此，这也是此次澳新之行最丰富的收获与联想。

难忘的访学体会

陈雳

2019 年 5 月份，中国 20 世纪建筑遗产委员会赴澳大利亚与 ICOMOS、ISC20C 和 DOCOMOMO Australia 进行了学术交流，我有幸为这次交流活动做了前期准备。与考察团一起参加活动，我收获很大。虽然以往知道一些澳大利亚的优秀建筑和城市规划，但这一次有机会在南澳大学访学，面对面地交流，还实地参观建筑，系统性地了解到许多，确为今后开展中澳建筑遗产研究交流提供了一个绝佳的机会。

首先是对澳大利亚 20 世纪建筑遗产现状的新认识。澳大利亚 17 世纪末、18 世纪初成为英国殖民地，19 世纪初成立联邦，历史只有这么长，比起我们中国五千年文化，天壤之别。所以至今澳大利亚遗留下来的大都是近现代遗产，其中 20 世纪建筑遗产占据相当大的比例。

以往我们更多的是从书本上知道悉尼歌剧院，前两次我也是利用开会的机会在建筑周边看看。这次在澳方的安排下我们详细参观了悉尼歌剧院，感受了室内大小演出厅，从不同专业的讲解中有所收获，尤其是与建筑遗产师针对悉尼歌剧院作了直接的交流。但澳大利亚的建筑遗产可远远不止于此，在阿德莱德、墨尔本、堪培拉、悉尼等城市，历史街区随处可见，曾经风行于英国的维多利亚风格、哥特复兴、

图 1
阿德莱德港工业遗产区

折中主义、新艺术运动、艺术装饰风格，一应俱全，很多堪称经典的活标本。

图 2
笔者在悉尼市郊的海湾旁

图 3
笔者与考察团成员在阿德莱德皇家植物园前合影

主持悉尼歌剧院后期深化设计的建筑师艾兰·克罗克在讲述时，特别介绍当年悉尼歌剧院的施工和维护异常复杂，这大大出乎我们的意料，以当时的施工条件完成如此宏伟绮丽的作品，非常不容易，今人也叹为观止。现在对歌剧院的维护更是一项重要的工作，政府也要承担一大笔财政开销。

当代著名大师的作品，除了伍重建筑师的悉尼歌剧院之外，这次乔蒂·萨默维尔和安妮·沃两位教授特意安排我们参观了哈里·赛德勒的作品系列。尤其是来到赛德勒位于悉尼港口附近的事务所办公室，在会议室中可以直接见到悉尼歌剧院及大桥。简洁的造型，变化的空间，均表达了纯正的现代主义建筑的韵味。

澳大利亚 20 世纪建筑遗产往往不是点式分布，而是成片出现，形成一个群体。而这种近现代的历史街区比比皆是，比如在墨尔本，澳大利亚遗产联盟（总建筑师大卫·威克斯德为我们安排了一个现代建筑遗产的参观序列，包括联邦广场、火车站、艺术中心、维多利亚国立美术馆、墨尔本演艺中心、澳大利亚当代艺术中心……整整了一个下午，我们一栋接着一栋地参观，精彩纷呈，目不暇接。

从更大的视野来看，此次考察呈现给我们的不仅仅是某建筑单体，而是整体的现代城市规划，这也是 20 世纪澳大利亚建筑遗产的一大特色，其中典型的实例就是堪培拉和阿德莱德。阿德莱德自不必说，莱特（Light）上校提出的规划构想被忠实地执行。城市道路呈现出规则的方格网状布局，城区分为南北两片，托伦斯河横贯其中，周边大片绿带围绕，标准的田园城市风格。此种格局一直保持到现在，真正体现了人们对于规划的尊重甚至敬畏。

堪培拉是设计规划历史的经典，以前只是在教科书中见到，这是格里芬天才创造的作品，并且最终真实完整地实现，堪培拉城市规划也成为 20 世纪城市规划的优秀案例。这一次，我们见到了城市中心背山面水的大布局，开阔的人工湖，广袤的绿地森林，尤其是以国会大厦为对景的大轴线，各个都是那样让人兴奋，令人惊叹。

除了建筑遗产的外在城市形态之外，给我留下深刻印象的就是澳大利亚对 20 世纪建筑遗产的保护。虽然建筑遗产数量很大，但是保护的强度也非常大，而且采取了更加开放的态度。对于 20 世纪重要建筑遗产的保护，澳大利亚有很多程式化的思路。澳大利亚对建筑遗产的维护没有意大利那样精细，不像欧洲人那样严格地坚持其真实性，他们对外立面干涉的尺度比较大，对于内部功能的改建也很坚决，比如很多历史建筑只保留了一层表皮，其他部分全被拆除，采用钢结构重建，新旧构件之间搭接加固的构造做得非常好。这样大尺度的改变使得内部空间大解放，功能全部释放出来了，不再受历史空间的约束。甚至有的建筑在历史建筑表皮之内再建高层。如果人们初次见到这样的处理手法，真会感觉很新奇，或许这正是 20 世纪建筑遗产保护的可用策略。

澳大利亚对于历史建筑的活化利用也非常花心思，博物馆、艺术馆只是一部分的功能，还有其他各种功能置换，如伯克女士在悉尼带我们参观的康科德历史建筑啤酒厂工业建筑群，今已成为了餐饮、艺术展示、工业艺术和商业紧密结合的片区，获得了多赢的效果。

在建筑环境方面，我们的做法是圈划建筑保护范围和建设控制地带的范围，要求其周边的环境必须与保护范围相协调。而澳大利亚的很多优秀的近现代建筑并非

图 1
堪培拉城市中轴线

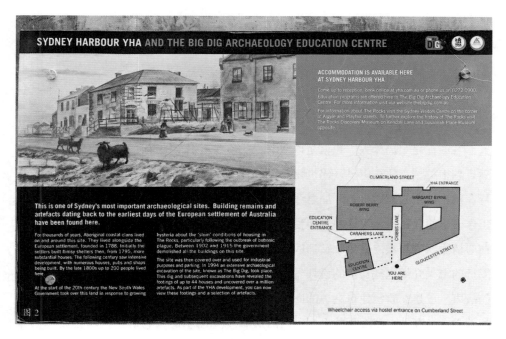

图 2
悉尼一处被火烧毁的历史遗迹如今被挖掘并作为考古教学现场使用。图为该处教学现场所展示的信息

图 3
考察团在考古现场合影

对于破坏历史建筑的行为，处罚力度是很大的。

如此，在阿德莱德市中心，老建筑跻身于高大的新建筑之中，仿佛只给其一块立足之地就可以了，谈不上周围的协调。这一点他们和我国的做法有很大的不同。

尽管如此，这并不意味着澳大利亚建筑遗产保护工作的松懈。政府和民间的机构都对历史建筑的保护有严格的监管，如建筑的损坏、劣化会有文物监管员第一时间发现，然后上报及通知建筑的使用者，

对我国 20 世纪建筑遗产保护来说，澳大利亚有很多值得学习的地方，比如建筑遗产尤其是工业遗产活化利用的各种措施和设计手法，比如对建筑的保护监管，对历史建筑的宣传等方面。其中活化利用方面对我们特别有借鉴的意义。当今大量历史建筑需要重新开发利用，到底建筑怎么改，改到什么程度，澳大利亚都给出了很好的参考答案。

澳新之行的感悟

李玮

我或许是个局外人。也就是说我的专业与建筑相距较远。其实建筑又与我的生活息息相关。我住在房子（建筑物）里，我的房子在社区里，在城市中，我每天穿行在熟悉可亲的大街小巷，加之我的亲人友人中多有从事与建筑密切相关的职业和工作，也使我在日常生活中耳濡目染地学习并喜欢上了建筑。在云淡风轻的日子，在心情愉跃的时候，驻足欣赏那或古典老旧，或风格新奇的建筑，耳畔还不时听到同行的家人介绍这些建筑的设计者，或讲述它们诞生的年代以及建筑背后鲜为人知的故事。于是在欣赏建筑之美的同时，我也在心中萌发出对城市的敬畏和对建筑师的尊重。渐渐地，视野从故乡到国内的形形色色的城市，再到世界各地，不仅逐渐增加了对于城市的认知，也常常不自觉间去关注不同地域间城市生活、城市形态乃至人们生活习俗的异同，在比较与玩味中获益良多。

然而，真正带我来到如红树森林般的城市与建筑群，走进建筑空间内部，了解建筑背后的历史与故事，以及宏伟建筑的设计者，是 2019 年 4 月跟随中国 20 世纪建筑遗产考察团出访新西兰、澳大利亚的一次建筑考察。此次能够跟随这支强有力的团队，在短时间内观览近十座城市，在澳新建筑大师和建筑遗产保护专家们的

图 1
笔者在悉尼歌剧院前

带领下，在如林的建筑群中深度走访市区，近距离地驻足在一座座经典建筑面前，听大师们如数家珍般地介绍一栋栋建筑珍宝的诞生和保护，走进他们的工作室，目睹他们的工作场景，翻阅其研究专著画册和教学实践成果，令我耳目一新。澳新建筑师和遗产保护专家们将建筑中的古迹、历史及艺术自然而然地联系在一起，新旧建筑相互渗透又走向融合，这肯定会为我国建筑遗产的保护提供宝贵的经验和启示。此次考察对我来说

图 2
笔者同考察团成员在奥克兰伊甸山上合影

图 3
新西兰红木森林纪念步道

新西兰、澳大利亚20世纪建筑遗产考察

图 1

是一次极为特殊的旅行，是一次无与伦比的学习机会，使我了解到一个新领域，充分领悟和品味建筑的艺术之美、舒适之美，从而升腾出对建筑和建筑师的崇拜之情。

从新西兰到澳大利亚，无论是首都奥克兰、堪培拉，还是著名的大都市墨尔本、悉尼，那一座座耸立的高楼大厦，古老的百年建筑，秀丽的当代建筑，教堂、雕塑、桥梁、道路，均那么和谐地与当地的海湾、山峦和森林等自然景观融为一体。它们错落有致，交相辉映，彰显并丰富着城市的魅力，同时向来到这里的人们讲述着城市的历史与发展，诉说城市的建设与保护之程。让百年建筑屹立不倒，焕发青春，这当中遗产保护工作者付出了超乎想象的智慧，成为使城市续写历史、再造荣耀的不朽功臣。

此次考察，给我留下深刻印象的当属被誉为超越时代的世界建筑遗产——悉尼歌剧院。悉尼歌剧院坐落在悉尼港湾，其特有的帆船造型，与作为背景的悉尼海湾大桥及周边景观交相辉映。虽然它建成已经 40 多年，但室内剧场仍然崭新如初，富丽堂皇，色彩典雅高贵，空间错落有致，变化多端，极具艺术美感，使人在参观时仿佛能感受到交响乐团排练演奏的美妙音乐绕梁回荡。站在悉尼海湾，无论近观还是远眺，不管白天还是夜晚，悉尼歌剧院随时为人们展现着不同光影下的迷人风采，身姿婀娜，熠熠生辉，就好像一艘正要起航的帆船，带着所有人的音乐梦想，驶向蔚蓝的海洋。百闻不如一见，悉尼歌剧院真不愧是改变澳大利亚国家形象的建筑。从此种意义上讲，它是我们时代唯一的一座具有史诗意义、包容全人类气质的一个建筑杰作。

图 2
堪培拉国立美术馆
和最高法院间悬挂
的镂空金属球

图 3
澳大利亚代表性的
标志

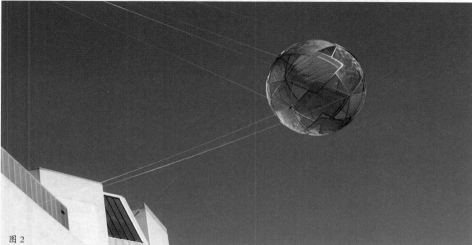

图 2

图 3

图 1
墨尔本八小时工作
日纪念碑

图 2
墨尔本战争纪念馆
前的纪念碑及不熄
火焰

　　哈里·赛德勒工作室是澳洲现代主义建筑之父哈里·赛德勒的故居，建筑师本人是包豪斯学派的追随者。该建筑坐落在离悉尼歌剧院和大桥不远的山丘上，它依山势而建。室内空间结构别致，布局巧妙，装饰简约，典雅舒适。室内外连接舒展自然，既通透又独立，室内既可观景构思激发设计灵感，又可静享愉快促进伏案创作。室外海风习习，天水相连，阳光雨露，普照心田。当我站在那并不十分宽敞的露台上，仿佛感受到设计师那能够装下一座城的胸怀——远眺城市的天迹线，俯瞰巨大的城市"沙盘"，脑海里勾勒新的蓝图，为城市家园规划增添更美好的楼宇花园。啊，这是何等的惬意！需要何等的胸怀呀！

　　新西兰作为一个以独特优美的自然风光为傲的岛国，"孤悬"在澳大利亚东南方向广阔的太平洋中。而此次对于这座安静宁谧国家的探访，却使我获得了额外的惊喜。尽管此次造访的城镇不多，但所到之处建筑文化依然和自然风光紧密相连，既把文化、建筑遗产的保护运用到现代的城市生活，又将历史遗迹、遗产乃至事件等充分地开发利用，如在罗特鲁阿市周边有壮观的火山群和展示毛利文化的国家公园；有供现代人健身休闲的森林步道；还有在他国不曾见过的特殊纪念碑，听导游介绍，它是为纪念在"一战"和"二战"中去逝的国家林业人员而竖立的"纪念碑"。在新西兰北岛罗特鲁阿湖畔有一群英式建筑和园林中，它既是市民休闲的大花园，

又有政府的办公机构。同时在建筑遗产中又开发了博物馆、纪念新西兰军人的雕像和纪念绿地，广场既繁花似锦，又庄严肃穆，让来到这里的人们心怀对英雄们的崇敬进行游览参观，真是绝好的开发和利用之妙思。

在十几天短暂的考察行程中，考察走访的项目可谓丰富多彩，有大学、图书馆、火车站、议会大厦、教堂、博物馆、艺术中心甚至国立高等法院及由监狱改造的文创园区等，仅带考察组参观交流的建筑师、文博专家就二十多位。所有这些不仅帮助我们走进了澳新建筑历史时空，深度解读了不甚了解的文化遗产，更增加了我们与新西兰和澳大利亚朋友的交往。我想这或许是我们走出来向他国学习的意义，也是丰富我们自身的良好开端。

难忘的澳新建筑文化之旅，我将永久地收藏下这段美好的记忆！

从蛮荒走向生态
——澳大利亚文学对城市规划的启示点滴

董晨曦

　　澳大利亚的土壤半数被荒漠占据，而水肥条件优渥的土地都集中在东海岸地区，其中所谓优质土壤中又有近半数的土地呈深红色，低碳、高铁，不利于农作物生长。加上澳洲气候干旱，想要在这里开掘新的城市，在当时第一批登岛的英国流放犯看来，实属难于登天。

　　文学作为民族历史和社会生活的折射，反映着写作者所处的时代背景和其成长记忆，因而也是田野考察的重要参考。费孝通曾在《继往开来，发展中国人类学》中提到，"人文世界，无处不是田野"。随着"田野"的研究概念不断扩展，带有更多主观表达，却也更容易深入民族内核的口述文学，理应得到更多关注。

　　关于澳大利亚的生态历史，土著文学是最有发言权的。澳大利亚土著文学带着"生于斯长于斯"的血脉相连描述本土文化，对回溯民族遗产、梳理文化态度有着更强烈的引领作用。与澳大利亚和谐共存了6万年以上的土著居民，将祖先对于利用、治理土地的智慧，通过口述文学流传至今。这种类似于中国女娲补天、大禹治水等远古神话的叙事艺术，承载着维系生态平衡的使命，也成为先民们应对自然灾害，了解地理、生物特性，传承生产生活知识的"典籍"。尤其是其中蕴含着的"万物皆有灵"的泛灵论，表达了澳洲先民对于人与自然和谐共处的生态意识，而这正是今天澳大利亚城市发展的重要指导。土著文学作家黛博拉·罗丝在《滋养万物的地域》一书中写道，土著人民"谈论土地时就像在谈论一个人。他们与故土谈话，向它歌唱，去探望它，为它担忧，为它感到遗憾，盼望回归故土。故土是一个有生命的实体，它拥有昨天、今天和明天，拥有意识，拥有对生命的渴望。"

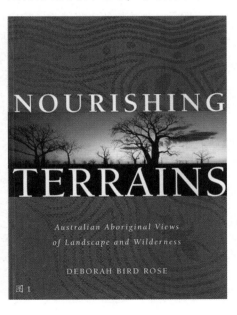

图 1
《滋养万物的地域》
黛博拉·萝丝 著

图 1

如今，这种与土地唇齿相依的情感深埋在澳洲大片的城市绿地当中，藏身于现代化的楼宇街区之间。例如被称作"花园城市"的墨尔本，全市有四分之一的土地是公园和绿地，人工造园艺术与原始自然环境互为补充，创造出多元融合的城市自然特征，这其实得益于澳洲的城市规划方式。作为一个年轻的国家，澳大利亚的城市不是自然生长形成的，而是设计者直接规划的。可就算在这样白纸般的土地上肆意挥洒画笔，人类终究还是会走弯路。这就要谈到生态文学认知对城市规划的影响。

自 1788 年英国殖民者抵达澳洲大陆起的一百年间，侵占领地、驱杀土著、无序开发等，剥夺了原住民的生存权利，打破了当地维系万年的生态平衡。看着家园和同胞遭受迫害，土著作家展露出弱势种族反抗剥削的斗争精神，将以往对自然的崇拜和歌咏融入到对命运的悲泣当中。

其后的 19 世纪末至 20 世纪 50—60 年代，澳大利亚城市向集约化方向发展，过度扩张令城市生态陷入混乱，出现了郊区城市化现象。土地滥用、土地所有权价值被破坏、交通拥堵、公共空间不足等问题日益严峻。这一时期，统治者对原住民推行了较温和的同化政策，实际还是以血缘划分出"劣等"种族以击碎土著的精神信仰和文化身份。此时社会权益地位的不公成为主要矛盾，也令土著文学进入高产阶段，其作品旨在抨击白人破坏自然和传统生活方式的行径，反抗殖民入侵和统治，歌颂土著同自然的亲密关系，呼吁保护古老生态文明。如 1964 年第一位公开发表作品的土著诗人凯思·沃克，在诗集《我们要走了》中发出了反抗的呐喊——"我们是自然，是往昔，是一切古老的方式。现在这些都已不在，烟消云散。灌木丛不见了，狩猎不成，笑声也听不到。雄鹰飞走了，鸸鹋和袋鼠已不见踪影。仪式场消失了。狂欢会没有了。我们要走了。"土著作家追忆传统生态文化，揭露遭受迫害的屈辱，以文字敲响警钟。他们不懈的呼喊和衰颓的城市环境让民众意识到，西方文明带来的掠夺和破坏，会把这片古老纯净的土地变成另一个被污染的国度。

因而在 20 世纪 70—80 年代，澳洲城市的规划重点转向区域绿化和生态保护，如 1971 年公布的《墨尔本都市区的规划政策》提出增长廊道和绿楔的发展方向。20 世纪末，生态城市建设形成体系，

图 2
《我们要走了》
凯思·沃克著

图 1
《摘樱桃工》 吉
尔伯特 著

图 2
《没有糖》
杰克·戴维斯 著

图 3
《梦想家》
杰克·戴维斯 著

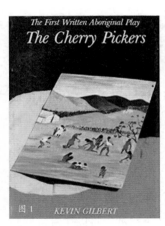

规划重点由自然资源保护逐步向可持续城市发展过度。近年来，墨尔本多次被联合国人居署评为"全球最适合人类居住的城市"，在水资源管理、能源利用、弹性城市、气候变化等方面取得较好成绩。生态文学与穷奢极欲的追求背道而驰，它从生态问题中来，再到人的灵魂中去，使人与自然的关系不再是征服，而是融入与回归。

土著作家的抗争，令笔者想到遍布澳大利亚的桉树。一方面，桉树是澳大利亚的精神象征，首都堪培拉城的设计师格里芬称其为"诗人之树"。悉尼歌剧院用材大都取自桉树，国会大厦内众议院的设计也参考了桉树的绿色；另一方面，桉树是世界上唯一向火而生的树种，其营养输送管道藏在木质层的深部，种子也包在木质外壳里，烈火烤裂树干才能萌芽繁衍，欣欣向荣。这生生不息的抗争或许是滋养当地文学的源泉，也昭示了建设者的使命与责任。也许澳大利亚文学在世界舞台上的历史太过短暂，但其多元文化的语境造就了一道独有的风景线。仅 2018—2019 年度，澳大利亚获各类文学奖项的作品就达 40 余部，这些作品能够让世界更好地理解澳大利亚历史文化、生态文明、风土人情，同时也告诫读者，关注生态环境，开展有生态视角的环境设计，是构建和谐文明的基石。

这是一篇基于生态文学本真的研究，但在阅读中能够发现文学与城市、建筑的关联，能够体察到作家与其他生灵之间深深的缔结。也许每个人心底都有一片广阔的绿洲，有一颗永不磨灭的赤子之心，或许这就是澳大利亚生态文学的独到之处。

悉尼歌剧院保护方案简述

艾兰·克罗克 口述，朱有恒 整理

自 1957 年约翰·伍重的方案问世至今，悉尼歌剧院一直伴随着一系列戏剧性的争议。这座建筑的审美、结构、功能、建构及其商业价值和社会影响力都在随后的数十年中不断地被人提及，这也使得它成为了 20 世纪世界建筑发展进程中举足轻重的一个案例。

毫无疑问的是，悉尼歌剧院是所有澳大利亚人的骄傲，它是最精湛的创造力与不懈追求完美的产物。如今这座享誉世界的现代建筑每年安排超过 2000 场表演，接待 150 万观众，同时还吸引逾 800 万游客来此参观。

无论对表演者、观众还是参观者，乃至所有澳大利亚公民来说，悉尼歌剧院都是不可替代的财富。基于这一点，遗产保护人员对于建筑的关注度提高到了一个前所未有的层面。早在 1988 年，一项为期 10 年的建筑维护方案便已启动，那时我们提出并整理了建筑中 650 项需要进行修缮改造的部分，以期可以逐渐提升建筑的整

图 4
艾兰·克罗克在悉尼歌剧院为考察团介绍保护方案

图 4

体条件，并使得建筑在未来可以像生命一样长久的生存下去。这座建筑的修缮保护，不单单是要延续其独一无二的标志性以及社会影响力，同时也承载着激发和强壮整个社会意志的使命。

2017 年我们推出了悉尼歌剧院保护管理计划第四版——这也是我的团队在詹姆斯·森普尔·科尔先生第三版的基础上所完成的工作。这是一座接近 50 年前的房子，它的很多功能都需要根据现代功能的需要进行完善，但我们的改造始终遵循一个最核心的理念，就是保持伍重先生的设计理念不被改变。我们去为歌剧院加装无障碍设施、加装垂直电梯、更新瓷砖外表、修改外墙结构、开设新的出入口和功能空间，但始终都要以对原有建筑最小的干涉来进行。不单单对于悉尼歌剧院建筑本身，对于整个贝尼朗岬的周边环境我们都要十分小心的对待，因为这里同时也是悉尼历史的起源点之一——这也是我们申请世界文化遗产成功的切入点。

在第四版保护计划中，我们提出了一项全新的评估体系，包含变更容忍度（Tolerance for Change, TfC）以及变更机会（Opportunities for Change, OfC）两项评估。简单来说，TfC 首先需要我们将建筑分解为壳体外壳、建筑台基、前广场、大音乐厅、琼·萨瑟兰剧院、戏剧剧院、下层大厅、台基底层、底层楼梯步道、休息室、伍重房间、外部家具，以及录音室、卫生间、功能空间等 20 余个大区域；每个区域中，再对不同的可维护单体进行细分，每个区域多的有几十项，少的也有十余项。以屋顶结构为例，这些细分的单项包括预制混凝土肋架、扇形基座、釉面瓷砖、瓷砖盖、百叶窗墙、屋面照明等。我们首先会对这些单项进行评估，来判断它们在多大程度上对于整个建筑的标志性做出贡献。同时也确定他们是于何时被添加到建筑上的，然后我们再分别对于他们的形式、面材、功能、位置的可改变性进行打分，可改变程度高的我们会打 3 分，几乎不可改变的我们会打 1 分。而 OfC 则是对于这些细分项目的可添加新功能的可行性进行评估。综合来看，TfC 和 OfC 组合成为维护管理的执行纲领，成为我们整个理论体系中的重要环节，我们的一切具体修缮手法、工艺、选材、技术等等都需要以此为根据展开。

在我眼中，悉尼歌剧院是一座有生命的建筑，它必须要做好自己，又要不断成长、完善自我，不断适应现代人的使用需求。这不是一项容易的工作，我们必须时刻在改进的同时尽量少的影响建筑的原貌。希望我们对于悉尼歌剧院的工作方法可以为全澳大利亚乃至全世界的遗产保护工作提供可供参考的样本。

图 1
第四版保护计划
中记载的 TfC 及
OfC 评估表格案例

Section 4.7

91

Tolerance for Change

element: **Roof shells externally** significance ranking **A** Three groupings of soaring, curved, concrete framed roof shells, clad with white ceramic tiled lid panels, surmounted by fine curved bronze lightning rails and infilled by glass walls	Tolerance for Change 1 = Low tolerance 2 = Moderate tolerance 3 = High tolerance				Further Considerations (to be read in conjunction with the relevant policy section for each element)
selected components:	Form	Fabric	Function	Location	
Glazed tiles	1	1	1	1	Maintenance with replacement only where necessary. Refer to discussion and policies in Sections 4.7.2, 4.18.1, 4.18.2 and 4.18.10.
Tile lids	1	1	1	1	Maintenance with replacement only where necessary. Refer to discussion and policies in Sections 4.7.2, 4.18.1, 4.18.2 and 4.18.10.
Concrete ribs assembled from prefabricated elements supported on fan shaped pedestals	1	1	1	1	Maintenance only. Monitoring required to ensure structural integrity and finish are maintained. Refer to discussion and policies in Sections 4.7.2, 4.18.1, 4.18.2 and 4.18.3. Preservation treatment may be required to protect pedestals in accordance with Policies 4.6, 7.2, 18.6, 18.7 and 18.8. Refer to intrusive items below.
Lightning rails – stainless steel	1	1	1	1	Materials and configuration are most important. Refer to discussion and policies in Section 4.7.2.
Deeply recessed bronze louvre walls infilling spaces between shell ends	2	1	2	1	Repeated and standardised bronze components geometrically arranged to complement the ribbed structure are most important factors. Refer to discussion and policies in Section 4.7.3.
Glass walls and supporting structures	2	2	1	1	Maintain as existing unless 'Major change' applies. Minor modifications permitted in accordance with Policy 4.4. Refer to discussion and policies in Section 4.7.3.
Shell uplighting at base of end pedestals (north and south)	3	3	2	1	Refer to discussion and policies in Section 4.14 *Lighting*.
Recent surface treatment of concrete pedestals externally	Intrusive				Explore less intrusive means of managing concrete deterioration, and protecting and exposing original surface – refer to Section 4.18.3 *Treatment of unpainted and precast off-form concrete*, and Policy 18.6.
Nose lights on shells	Intrusive				Both the fixtures and the glare are intrusive. Explore less intrusive means of lighting public space – refer to Section 4.14.2 *Lighting of Forecourt, Broadwalk and Podium (monumental) steps*.

Opportunities for Change

Explore Opportunities – Roof shells externally Items listed as intrusive in TfC table above are opportunities for change. Additional opportunities listed below.	**Comment** Generally, all changes must comply with the *Utzon Design Principles* and CMP, and may be subject to statutory approval.
Revised profile to perimeter edge tile	Refer to Section 4.7.2. This should only be considered where Utzon's original detail and intent is understood and followed, and where all shells can be treated together under a single contract.
Protection of shell pedestals	Explore and trial discreet methods to divert rainwater run-off and reduce deterioration of pedestal surfaces.
Concrete rib monitoring	Explore and test non-invasive methodologies to examine and monitor concealed concrete surfaces in voids behind tile lids.
Minor modification to glass walls	Refer to Section 4.7.3. Glass infills below the bronze louvres and the indented ends of the northern foyer could be modified but this must be part of an integrated design strategy for all similar situations on the site.
Major replacement of glass in glass walls	Potential to replace existing 'demi-topaze' tinted glass with high performance clearer glass, as per Section 4.7.3 of this CMP.
Major change to glass wall structure and geometry	Potential to replace / revise existing structure with new design to better comply with Utzon's original concepts and design principles, and this CMP.
Revised lighting	Remove / modify intrusive lights to reduce glare and improve quality of light to structure and public spaces. Upgrade and improve lighting and related enclosures / snoots in accordance with *Utzon Design Principles* and this CMP.

草原风格和维多利亚风格民居空间特性的比较分析

佩曼·阿米尼·贝巴哈尼 （Peiman Amini Behbahani） 迈克尔·J. 奥斯特瓦尔特
（Michael J. Ostwald） 顾宁（Gu Ning）

弗兰克·劳埃德·赖特的草原风格建筑因在室内空间规划上采用了一些创新措施而广受赞誉。历史学家和评论家为其空间特性贴上了"整体性""内敛"和"循环性"的标签，这与维多利亚时期建筑的空间特性明显不同。尽管如此，草原风格建筑与维多利亚时期建筑的实际空间差别并未被量化。弗兰克·劳埃德·赖特的草原风格建筑与同时期的维多利亚建筑真有那么大的区别吗？本文对草原风格和维多利亚风格建筑的四个特定空间品质进行比较计算分析。本文使用空间语法技术分析了这两种房屋建筑的平面图。结果显示，按照上述所使用的方法，草原风格建筑并不像先前宣称的那样具有很大的创新性，但本文也从其他角度解读了这种建筑的创新性。

Frank Lloyd Wright's Prairie houses have been widely praised for introducing a number of innovations in interior spatial planning. In particular, historians and critics have identified the spatial properties of 'holism', 'inwardness' and 'circularity' as a signal showing is differences from the spatial characteristics of Victorian architecture. However, despite these claims, the actual spatial differences between the Prairie houses and Victorian houses have never been quantified. Are Wright's Prairie houses really so different from the Victorian houses which were being constructed at the same time? This paper presents the results of a comparative computational analysis of four specific spatial qualities of Prairie and Victorian architecture. Using Space Syntax techniques, the paper analyses the plans of forty-two houses. The results suggest that, within the limits of the methods used, the Prairie houses are not so inventive as previously claimed. Nevertheless, the paper also identifies possibilities for alternative interpretations of the results that might begin to explain the accepted position.

草原风格是一个集体术语的趋势或设计学派，开发于中世纪早期的美国中西部。

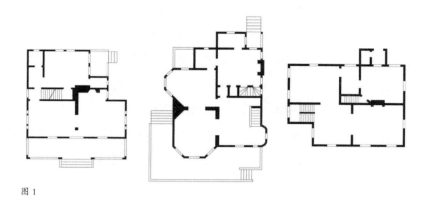

图 1
三栋维多利亚式
房屋的一楼平面
图（由佩曼·阿米
尼·贝巴哈尼重新
绘制）

图 2
三座草原房屋的
图解平面：亚当斯
（左）、德罗兹（中）
和小型（右）

图 1

草原风格用于推动大量单户住宅，其中许多是由其主要支持者弗兰克·劳埃德·赖特设计的。草原风格通常被描述为与过去决裂或拒绝 19 世纪的创新型建筑。因此，对草原风格的描述，无论是历史上还是近现代，通常将其内容视为革命性的创新。在这些无属性中，空间属性是最常见的标识。具体来说，草原房屋的底层被描述为更开放、相互联系、空间连续等。然而，与形状及其特性不同，这些特性更容易被观察或可测量，这种社会空间和视觉特性主要来源于历史学家的个人观察，这些观察无疑是由赖特自己关于这些建筑中空间的创新利用的主张所塑造的。此外，这些关于草原风格空间创新的论点几乎完全没有提及维多利亚建筑的实例或属性。

上述情况为本文的编写提供了动力。本文对草原房屋的空间特性进行计算分析，以调查文献中的主张，并确定这些房屋在文献中尚未发现或未涉及的其他空间属性。为此，本文复制了文献中采用的相同比较方法，即将草原和维多利亚式房屋的特性并列。然而，本文没有提及一系列未界定的维多利亚先例，而是对 27 座草原房屋和 15 栋维多利亚式房屋进行了比较分析。此分析使用了从空间语法理论派生的一系列被认为适合测试空间属性的技术手段。

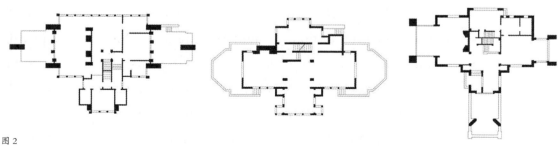

图 2

空间语法使用数学技术来分析建筑的各种社会、视觉和渗透性。这些技术及其优势和局限性在建筑分析中得到了很好的应用，并在以前的研究中被广泛记录。因此，本文没有描述所使用的基本句法、理论或软件，反之使用几种常见技术变体以及用于分析数据的要件，在少数情况下被更详细地描述出来。

本文分为四个主要部分。第一部分讨论了维多利亚式住宅建筑的社会空间特征；第二部分介绍了草原房屋的特点以及社会的变化，这些变化可能影响其规划设计；第三部分介绍了研究方法，包括案例选择和方法，提出了四个假设的测试，概述了对设计的四个属性的计算分析结果；最后，结论重新审视了四个假设，并报告了它们在多大程度上确认或否定了历史学家关于维多利亚和草原建筑差异的标准观点。

有一些客观情况限制了研究方法及其结果的产生。首先，由于本文采用空间语法技术进行分析，所得发现仅限于二维空间拓扑学的方面；第二，选定的技术不是一套详尽无遗的可能语法方法，也可以使用其他变体；第三，分析的范围仅限于两种建筑风格中较小的更典型示例，以保持度量值的可比性。因此，一些标志性的草原房屋（包括罗比和赫特利的房子）被排除在外。最后，分析仅限于房屋的底层，因为这个水平一直是声称的创新的主要焦点。

The Prairie style is a collective term, which developed in the early twentieth century in the mid-west of the United States of America. The Prairie style was adopted to promote a large number of single-family houses, many of which were designed by its lead proponent, Frank Lloyd Wright. The Prairie style is often described as either a break from the past or as a rejection of the architecture of the nineteenth century. For this reason, descriptions of the Prairie style, whether historical or more recent, usually devote a significant portion of their content to identifying its revolutionary innovations in compari-son to approaches used in pre-Prairie or 'Victorian' era architecture in America. Amongst these innovations, spatial properties are the most commonly identified. Specifically, the ground floor of the Prairie houses is described as being more open, interconnected, spatially continuous and less isolated. However, unlike the properties of shape or form, which are more readily observable or measurable, such social-spatial and spatio-visual properties are derived primarily from the personal observations of historians, which are no doubt shaped by Wright's own claims about the innovative use of space in these buildings. Furthermore, these arguments about spatial innovations in the Prairie style are almost entirely made without reference to actual examples or properties of Victorian architecture.

This situation is the catalyst for the present paper, which undertakes a computational analysis of the spatial properties of Prairie houses in order to investigate the claims in the literature as well as to identify other spatial properties of these houses that have remained either undiscovered or unaddressed in the literature. To this end, the paper replicates the same comparative approach used in the literature, that of juxtaposing the properties of the Prairie and Victorian houses. However, rather than referring to a range of ill-defined Victorian precedents, this paper undertakes a comparative analysis of the plans of twenty-seven Prairie houses and fifteen Victorian houses. This analysis is performed by using a series of techniques derived from Space Syntax theory that are considered appropriate to testing the spatial properties.

Space Syntax uses mathematical techniques for the analysis of various social, visual and permeable qualities of architectural plans. These techniques including their strengths and limitations, are well established in architectural analysis and have been extensively documented in previous research ① . For this reason, this paper does not describe the basic syntactical methods, theory or software. However, several variants of common techniques that are employed in the paper are described in more detail along with, in a few cases, the formulae used to analyse the data.

The paper is organised into four main sections. The first section discusses the socio-spatial characteristics of Victorian residential architecture. The second section introduces the characteristics of Prairie houses, and the changes in society which might have influenced their planning and design. The third section describes the research method, including case selection and approach, proposes four hypotheses for testing and outlines the results of the computational analysis of four properties of the designs. Finally, the conclusion revisits the four

图 1
部分维多利亚式房
屋的平面图

Plate 2　　Plate 8　　Plate 5　　Plate 9

Plate 10　　Plate 18　　Plate 25　　Plate 27

Plate 40　　Plate 49　　Plate 52　　Plate 55

Plate 60　　Plate 62　　Plate 75

L: living room/parlor
D: dining room
H: hall
K: kitchen
P: pantry
E: entry
T: porch/terrace

图 1

hypotheses and reports on the extent to which they confirm or reject the standard view of historians about the differences between Victorian and Prairie architecture.

There are several practical limitations associated with the research method and its results. First, as the paper adopts Space Syntax techniques for analysis, the findings of this paper are limited to aspects of topology in a two-dimensional space. Second, the selected techniques are not an exhaustive set of possible syntactical methods; other variations might also be used. Third, the scope of the analysis is limited to the smaller and more typical examples of both architectural styles in order to maintain comparability of the measures. Therefore, some iconic Prairie houses (including the Robie and Heurtley houses) are excluded. Finally, the analysis is confined to the ground floor of the houses, as this level has been the main focus of the claimed innovations.

从维多利亚式房屋到草原风格房屋（略）

From Victorian House to Prairie Style (Omitting)

草原房屋及其特点（略）

The Prairie House and Its Characteristics (Omitting)

研究方法与假设（略）

Research Method and Hypotheses (Omitting)

研究结果（略）

Results (Omitting)

本文研究了赖特的草原房屋与维多利亚式房屋相比的四种空间属性（或创新），利用空间语法提供定量测量。这四项研究的结果在先前所界定的四个假设方面通常毁誉参半。

关于整体性的第一个假设指出，"草原房屋中全球普及的平均值将高于维多利亚时代"。测量的全局值不支持此位置。然而，另外两项主张（空间隔离、内向性）的结果表明，由于社会空间的更高整合，在草原房屋中可能存在整体空间感。因此，这一假设目前并不成立。

第二个假设认为，"平均而言，草原房屋中的空间应该比维多利亚时代更不明显"。该假设仅完全支持一个特定空间，即大厅。另一方面，研究结果表明，其他空间在维多利亚式房屋中比在草原房屋中更融合。考虑到这些不协调，没有发现明确支持该假设的证据。

下一个假设指出，"平均而言，草原房屋的空间应该比维多利亚时代更关注内部格局"。虽然这种立场被外部、内部比较所反驳，但考虑到集成值的排名是支持的。关于本属性 " 使家庭走到一起 " 的假设的含义，后一个过程（整合排名）似乎是一个更合适的衡量标准。

最后，历史学家坚持认为，"草原房屋应该比维多利亚时代具有更大的循环性"。这个假设通常被结果所掩盖。

总之，结果完全支持其中两项主张（循环、向内性），而对另外两项（整体性、空间的视觉整合）的支持要么部分缺乏，要么完全缺乏。然而，这项研究确定了若干额外的维度和考虑因素，这些维度和注意事项没有通过测量来解决，需要更深入的分析。尽管有这些新观测，但所有结果表明，在维多利亚时代的房屋中，草原房屋的空间特性不像历史学家所保持的那样空前，事实上，这两种住房趋势的拓扑特征在某些方面彼此相似。这表明，虽然草原风格的空间创新值得讨论，但以前的拓扑组织的延续也值得注意，尤其是在考虑形式和布局的急剧变化时。

This paper examines four spatial properties (or innovations) of Wright's Prairie houses in comparison to those of Victorian houses, using Space Syntax to provide quantitative measures. The results of the four studies were generally as much praised as blamed in terms of the four hypotheses framed previously.

The first hypothesis, concerning wholeness, states that 'the mean values of global measures in the Prairie houses will be higher than those in the Victorian'. This position is not supported by the measured global values. However, the results for two of the other claims (spatial isolation; inward-ness) suggest that a sense of holistic space may be present in the Prairie house, because of higher integration of the social spaces. Thus, this hypothesis is rejected as it stands.

The second hypothesis holds that 'spaces in the Prairie house should be, on average, less visually isolated than in the Victorian'. The position is fully supported for only one specific space, the hall. On the other hand, the results suggest that other spaces are more integrated in the Victorian houses than in the Prairie houses. Taking these inconsistencies into account, no clear support for the hypothesis has been found.

The next hypothesis states that 'spaces in the Prairie house should be, on average, more inwardly focussed than in the Victorian'. Whilst this position is refuted by the exterior-interior comparison, it is supported by those who considering the ranking of integration values. Regarding the implication of the hypothesis that this property 'brings the family together', the latter process (ranking of integration) appears to be a more suitable measure.

Finally, historians maintain that the 'Prairie house plan should possess a greater degree of circularity than the Victorian'. This hypothesis is generally supported by the results.

In summary, two of the claims (circularity; inwardness) are fully supported by the results while the support for two others (wholeness; visual integration of spaces) is either partial or completely lacking. However, this research has identified several additional dimensions and considerations, which are not addressed by the measurements and require more in-depth analysis. Notwithstanding these new observations, all of the results demonstrate that the spatial properties of the Prairie houses are not so unprecedented in Victorian houses as historians maintain and, in fact, the topological features of the two housing trends resemble each other in some regards. This would suggest that, while the spatial innovations of the Prairie style are worth discussing, their continuation of the previous topological organisation is also notable, especially when the drastic changes in forms and layouts are considered.

（全文请见《中国建筑文化遗产》总第 23 辑 P84-99）

中外建筑都需要荣光和荫护

金磊

引子：上一次到澳大利亚墨尔本是参加 1994 年亚太职业安全科学大会，彼时那里给我留下了美好印象，当时曾下了决心会再来。可未曾想到下一次造访竟是整整 25 年之后的 2019 年 5 月了。再次踏上这片土地不仅仍新鲜，还感慨颇深。

生命脆弱、世事无常，每个人都愿经历风调雨顺的年代。然而，写这篇文章时，确有中澳两国纷至沓来的"灾事"：2019 年 9 月至今扑不灭的山火给澳大利亚美丽山河以重创；2019 年年尾至三月中旬已肆虐中国四个月的新冠疫情让数万国人染病。仅武汉一城在 2 月 25 日刚出正月之时，就以亡 2043 人的代价在追问着何为安全的城市生命密码。我同意家之上乃家族，家族之上乃民族，民族之上乃苍天之说法，更渴望在这特殊之时，写好关于造访澳新建筑遗产保护之思的文章。不论地域，不论传奇，都可彰显出面向世界的中国文化的力量牵引。回想 2019 年 12 月中旬与布正伟总建筑师等同去海口市参加第三届全国建筑评论研讨会，他用心地表述，20 世纪建筑遗产的解读是"可持续且美好的建筑"，对此我以为布总归纳了 20 世纪建筑经典的精髓，当时只认为他的学养高深。2020 年 2 月 21 日，我应北京广播电台"城市文化"栏目之邀，做了"春风红雨送瘟神"的战疫情的城市防灾文化访谈，布总后来给这节目的评价是"城市与建筑可持续美好最要害的前提是安全！若无此超级定力，再大规模的经济发展都要毁于一旦！敬畏需长在，忧患需长念！"这就是说，世界再广阔，文明再久远，识别人类与自然发展的密码不要改变，只有历久弥新才会生生不息。

正如同中外历史上的"疫情"灾事后，都会在一定程度上推动社会的整体进步或称"卫生革命"，十三届全国人大常委会第十六次会议，2 月 24 日在北京人民大会堂闭幕，会议有两个决议让人关注：一是推迟召开十三届全国人大三次会议，二是表决通过全面禁止非法野生动物交易，革除滥食野生动物陋习的相关章程。面对生活工作规律被打乱，面对太多饱含血泪的教训，我颇同意教育家、原武汉大学校长刘道玉的倡言"有必要就疫情进行一场全国性的启蒙"。我不太同意此次立法针对野生动物仅仅是禁止交易与杜绝滥食的做法，因为这仅仅是补上 17 年前"非典"果子狸之源欠缺的课，而忽略了对自然的敬畏与对文明的崇尚。法国作家萨德说过："人类破坏自然越厉害，自然就越'高兴'。到最后受害的还是人类自己，因为自

图 1
1994 年，笔者在墨尔本亚太职业安全科学大会上发言

图 2
墨尔本国际展览中心

图 3
笔者与一同前往墨尔本的同事合影

图 4
笔者在墨尔本会议展览中与表演者合影

然还是那个自然，岩石还有生命。"敬畏之心，是要认清命运的安排，维护好与自然的共存，以求更加坦然。2020 年中国疫情必须改变中国，不仅仅是禁止"野味"，还应在人类命运共同体的基础上，还野生动物完整的"清静"，更还国民的当代文明素养。英雄之城武汉有殇之境遇，因为这 2019 年冬至 2020 年春之际，它有太多漫天弥散的忧伤，城市保卫的力量之声响起，历史的"灾事"在反复地警示人们：① 要记住"染及一城则一城墟，染及全国则全国烬"；② 要懂得人类是败在对动物领域的侵占、对环境无止境破坏的欲望上；③ 病毒也许是一种来自大自然的"报复"机制，因为它太不青睐永无止境反复犯错的人类，它更不愿意见到对历史灾事如此健忘的人类……写作本文是通过对 2019 澳新之旅点滴的感怀与思索，也是对中国 20 世纪遗产发展的某些国际化的省思，重要的是不该忘却 2020 春悲壮的国之记忆。

一、澳洲城市：生态环境可持续的韧性

美国著名历史学家、环境史学家约翰·R. 麦克尼尔著《太阳底下的新鲜事：20 世纪人与环境的全球互动》，广受好评的原因是详实评述了 20 世纪百年中，人类对于自然环境和社会环境等生存空间造成的影响。麦克尼尔着眼于地球的各种"圈"，如岩石圈、土壤圈、大气圈、水文圈、生物圈，并解析了它们受到人类影响之情形。20 世纪超乎寻常的发展与需求，都加剧了环境变迁的强度与人为灾难。英国伦敦，日本，美国匹兹堡、洛杉矶，德国鲁尔等国家与城市贡献了 20 世纪空气污染史，体

图 1
笔者 25 年前拍摄的墨尔本弗林德斯大街火车站

现了空气污染给城市发展带来的负作用及对人类安康的剥蚀冲击。城市与环境是值得忙碌的当代人越来越关注的。其一，无论中外城市化快速发展似乎无法留给城市太多时间去思考并守住特色，正消失特色的当代城市仿佛仅仅是件装饰品，或是件包装精美的"玩偶"，毫无魅力可言，能成为"样本"的有特色的大城市越来越难寻。其二，近年来中国相关部门以城市文化建设的名义痴迷于品牌、口号及数字的排名，从生态城市到创意城市，从海绵城市到学习城市，不断提升智慧城市与健康城市的热潮，殊不知这些内容若抓准抓实，确可成为城市现代化与国际化发展的有效推手，但有时效果欠佳。创立于 1997 年的全球私营咨询公司声誉研究所（Reputation Institute）以美国纽约和丹麦哥本哈根为基础，定期发布全球最佳声誉国家排行榜（也含全球最佳声誉公司排行榜榜单），如 2015 年发布的世界 100 座城市的声誉即从发达的经济、引人入胜的环境、高效的政府等方面展开，得出排名前十位的城市是：维也纳、慕尼黑、悉尼、佛罗伦萨、威尼斯、奥斯陆、温哥华、伦敦、巴塞罗那、蒙特利尔。在此榜单上，上海为 80 名，北京 81 名，广州 82 名。现实是，在太多制作精良的城市宣传册与微电影中，人们往往发现不少排名与实况相去甚远。其三，城市发展总是一个永无止境的学习过程，建筑师、规划师编制了宏伟的蓝图，却不得不在一次次实施进程中屡屡缺席。不少专家学者痛心地说，制作漂亮的 PPT 只是取悦城市管理者的无奈之举，到头来城市发展的最终结果，少不了需求和承诺上的失败与教训。其四，虽然人们都知道城市文化要创造活跃且有持久力的令人心生向往的地标项目（如悉尼歌剧院），但更离不开对城市"年轮"的持久呵护，研讨如何从传承文化上走好城市更新之路至关重要，城市的创意空间不是凭空产生的，没有历史积淀的城市难产生有价值的文化空间营造。

在全球城市的古今史料中，有关澳大利亚的文献并不多。说到澳大利亚，我们马上想到阳光、沙滩和令人向往的悉尼歌剧院（建筑师伍重在 20 世纪 50 年代末设计，1973 年建成，2007 年被评为世界文化遗产）。若学习城市与建筑设计经验，发展中国度首选欧美及日本等国，澳大利亚一般后置，或许由于澳大利亚太自然了，人口太少了，似乎它的城市化没有更丰富的内容与价值。1994 年我因参加亚太职业安全科学大会造访墨尔本与悉尼，被该国当时的城市现代化与文化所震撼。20 世纪90 年代初中国城市的文化脚步尚在停滞中，更没有"创意"与"传承"的字眼，动静最大的是以"拆"为主的建设性破坏。25 年后再踏上澳大利亚土地，更从一片陌生中感悟到这里在变化，现代化虽有变化之感，但城市保护更有文化守望精神。在不少挑剔的业内人眼中，这百年前的蛮荒大陆虽是移民之国，但它种族隔离不严重，

图 2、图 3
墨尔本皇家植物园

图 4
墨尔本动物园

图 1
《奥林匹克与体育
建筑》

图 2
《2008奥运·建筑》

更有没有大片的少数族裔集聚的贫民窟，此外它的多座城市无论从设计上还是营造上，不但与欧美20世纪城市相近，且在多方面已成为世界优秀城市规划的"教科书"，研究并深入学习澳大利亚城市是有价值的。

城市结构有各种样态。但澳大利亚城市则是一种人工加自然的系统，在这里环境与生态影响着人们的生活，人们越来越重视从经济、社会、环境、技术等可持续发展的后劲与韧性上去寻找并研究城市的变迁。澳大利亚城市发展的显著特点与它移民的特征相关，恰恰是因为英国工业革命的诸多方面的进步，澳大利亚的城市从一开始就有了"台阶"，即有技术、经验及其人脉，使它们不需要像欧洲太多城市那样付出很多的初始探索成本，如不需从"零"研究电车、火车和汽车，只要继续研究这些技术即可。在澳大利亚一百多年历程中，技术进步确实带来了跨越式发展。从早年的淘金到当代跨国集团的发展，企业对当地城市化体现了塑造之力。如果说资本有追逐利润的本质，那么城市化正是这种行为的物化，它体现在澳大利亚城市的历史、文化、事件等方面。城市事件越国际化对城市振兴作用越大，2000年悉尼奥运会，给世界以深刻印象。它作为20世纪最后一次全球体坛盛会，除了精彩纷呈的开幕式、闭幕式外，还有各国选手的突出成绩以及澳大利亚民众的友好热情，造型新颖的体育建筑，还有绿色奥运的较早提出与实现。悉尼奥运会在可持续发展和生态环保上采用了一系列技术对策，如太阳能利用、中水利用、雨水收集、垃圾分类等，从整体城市设施看，这些先进技术还是具有示范性的。2002年4月在马国馨院士领衔下，《建筑创作》杂志社等编著的《奥林匹克与体育建筑》（天津大学出版社，2002年4月版）系国内第一部专述奥林匹克建筑的技术著作，同时还对悉尼奥运会做了很好的分析研究。

历史上，墨尔本市也曾有过如悉尼举办奥运会的构思，力图通过国际性大型活

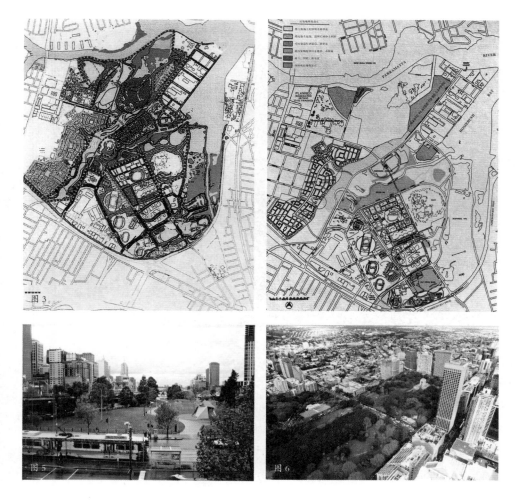

动提振城市形象，但基于公众的认知，此设想被居民的反对之声打压下去了。无疑，通过悉尼奥运会进一步促进了澳大利亚城市的可持续发展，如现在韧性城市强调雨洪管理及海绵城市设计这些全球城市的热点问题。澳大利亚的城市在近 20 年时间中有一系列深化，这些前沿还包括城市海洋生态、城市化中的环境定义、用绿色复兴城市社区精神等。城市的可持续发展也强调安全设计，但安全对策不宜将城市变成堡垒。如澳大利亚某城为避免机动车因各种原则冲击到人群，在城市公共建筑边界设置了护桩。悉尼科技大学"设计驱逐犯罪中心"主任罗杰·沃森表示，护桩的存在可提醒人们有潜在风险，但这种硬设施降低了公共空间带给市民的愉悦度，增加了不安。2017 年以来，该市艺术家、设计师对城市内数百计混凝土护桩进行涂鸦式装饰，创造性地美化了原本严肃的安全设计，受到城市公众的欢迎。大家理解了这些城市街道家具的作用，公众支持促进了城市政策的落地。

图 1
笔者与考察团在奥
克兰伊甸山合影

图 2
笔者与金寅成先生
（右）在墨尔本合
影

图 1

二、墨尔本：传承与现代创新皆佳

2019 年，《经济学人》周刊，连续七年评选的世界最宜居城市名单里，墨尔本仿佛"三好学生"，超越了维也纳，体现出样样俱佳的状态。虽然我们无法从各方面完全认同这一点，但 25 年前造访与再访时感受到的一切，令我认同着这一点，尤其是对建筑遗产的传承，对现代主义设计的创意。

图 2

图 3
墨尔本监狱

图 4、图 5
墨尔本百年制醋工
厂及其建筑顶部的
"跳绳的小女孩"
品牌标志

据相关文献介绍，1994 年之前，墨尔本就是个花园之城，它所在的维多利亚州车牌是"Victoria the Garden State（维多利亚花园）"。事实上，它确有着花一般的秉性——顺应天时，也善于吸纳养分并勃勃成长。1994 年我曾参观过墨尔本的皇家植物园，它也算得上世界闻名了。建于 1846 年的植物园对年轻的澳大利亚来说算是元老级文化景观遗产了。墨尔本属英国本土外最具英伦情调的城市，不仅花园多，连天气状况也很像，时雨时风，是典型的温带海洋性气候。这里受西风带影响，常常云层翻涌，天气变幻多端，这自然使云朵下的植物园格外诱人。英美等国公园中常在园中座椅上刻有内容美好的"铭牌"，记忆中有一处叫做"生命的象征"之铭牌，其内容大概是"在古时的波斯苏菲教派中，玫瑰象征着生命之旅，其花之美丽代表自我完善的目标，它的尖刺代表人生面临的挑战，它的顽强与生生不息代表着坚持定会成功的信念"。

说到墨尔本的发展与特色，或许现在的悉尼人也不愿接受这类说法。这与世界上很多国家数一数二的城市间从不屈服很相关，美国的纽约与芝加哥、中国的上海与北京、成都与重庆。早在 1850 年淘金潮时，墨尔本便创造出大量的财富，史称"非凡的墨尔本"。1880 年的它是大英帝国伦敦之外的第一大城市，电灯取代了煤气街灯，商业中心柯林斯大街有了电话，居民也用上了自来水及煤气，市区还有运行的有轨电车，如今在墨尔本老城区仍有一段可免费乘坐的有轨电车，很有特色。

事实上，1901 年澳大利亚宣布独立建国，不同州和领地构成松散的联合体，墨尔本因其优势成了临时首都。但悉尼对此"不服气"，"双城"为首都展开一系列争夺。澳洲政府只好在两个城市之间更靠近悉尼的荒地上建起了首都堪培拉。1912 年在全球 137 个征集方案中，美国建筑师年仅 36 岁的沃尔特·伯利·格里芬的"花园城市"方案荣获一等奖。其方案特点是：堪培拉市以国会山为中心，建造放射形城市街道，使体现代表全国心脏的国会大厦成为权力中心的象征。该设计思想得到了澳大利亚举国上下的赞美，也获得联合国城市设计金奖，至今它始终成为城市各国 20 世纪城市规划设计的"教科书"。那天，在澳大利亚国立大学名誉教授肯·泰勒的引领下，从重温规划师格里芬的总体设计，到考察澳大利亚战争纪念馆，再到细细品读曾作为 61 年国会大厦的雄伟建筑（旧国会大厦 1927 年建成），确能感悟到堪培拉乃 20 世纪建筑遗产的精彩之城。

再说回墨尔本。在澳大利亚城市中，最有文化遗产综合说明力的虽为"世遗"建筑悉尼歌剧院，但两个最大的国立美术馆，一个在堪培拉，一个在墨尔本。此外，墨尔本还有澳网和方程式赛车这两副体育王牌。与悉尼、堪培拉的文化性不同，墨尔本更内敛含蓄，历史人文味十足。限于时间，我们虽未造访移民博物馆，但其遗产价值非凡。从上海前往墨尔本大学担任文博客座教授的金寅城先生说，移民博物馆建于 1876 年的墨尔本旧海关楼内，体现了意大利文艺复兴时期建筑风格，最重要的是浓缩了维多利亚州近 200 年的移民历史。展览是常设的，它分成"离开""定居""旅程""进入"四个部分。见证澳大利亚历史与成就的当属位于移民博物馆北边的公园，它展示出从 19 世纪初到现今共七千余位移民者的名字，它用澳大利亚自诩"Lucky Country"（幸运国家）的富足与安宁的口号，彰显了消涨起落的文化冲突与多国度、多民族融合在墨尔本甚至澳大利亚的发展历程。同样，这也让我想起 25 年前造访墨尔本时，组委会带各国专家特别参观了"金矿博物馆"（名称可能不太明确），它全面体现了世界移民（尤其是华侨）对澳大利亚原始发展的重要、奠基性贡献。展览的实景性及在 25 年前的布展水平，令我至今记忆犹新。

说起 20 世纪建筑遗产的传承、创意与城市更新，不能不提及墨尔本市弗林德斯火车枢纽站，该火车站几乎覆盖了弗林德斯和斯旺斯顿的两个街区拐角的综合体，有文献显示它是澳大利亚历史上最早的城市火车站。澳大利亚遗产联盟主持建筑师大卫·威克斯德和作为遗产专家的夫人共同讲述了该火车站的历史，特别介绍了在墨尔本城市更新过程中，为保护它而不断开展的遗产工作。弗林德斯大街火车站吸引人的现状即主车站楼建于 1909 年。如今这座标志性建筑是出入墨尔本的文化地标，入选维多利亚时代的遗产名录。该建筑给每位初到者的印象，不仅是诱人的黄色外

图 1
墨尔本金矿博物馆
内景（1994 年）

图 2
墨尔本的八小时工
作日纪念碑（2019
年）

墙，还有青铜圆穹顶，建筑风格呈现文化的多元性。大卫·威克斯德教授特别介绍了车站内一幅马赛克壁画，它象征着"二战"期间艺术家在反战精神下的创作。这让我联想到，壁画在世界交通空间上的演绎及运用。随着城市设计的兴起和"环境艺术"理念的提出，人和空间的关系日益受到重视，壁画家和建筑师们不再孤立地将壁画作品视为目标，而是以文化的视角来注视城市空间，按城市所需进行物理、心理感受上的设计，如何创造出保有永恒艺术魅力和城市精神的作品即是抉择的关键。在交通环境中，乘客是公共艺术接受者，只有当美术作品充分引发并活化了接受主体的感觉后，观者才有可能真正成为使心灵参与审美活动，否则壁画塑造灵魂的"魔杖"之力将难产生作用。通常交通建筑中的壁画材料有石材、木材、玻璃、金属、陶瓷等多种，对此在 20 世纪 50 年代建筑大师密斯说"当技术实现了它的真正使命，它就升华为艺术"。弗林德斯车站大厅内的壁画之所以引人入胜，不仅在于其事件含义，还在于用材所具有的抽象审美特征有效地配合了车站建筑空间的精神面貌，其精美使置身于该车站的所有人可同时感受到传承与创新紧密结合之力。

三、20 世纪遗产：是文化引领城市复兴之力

　　1992 年联合国"环发大会"通过的《21 世纪议程》，提出了环境可持续性，经济可持续性，社会可持续性三个支柱性概念，然而文化可持续性越来越成为价值

图 1、图 2
墨尔本街景局部

　　导向则是 21 世纪后的事。2001 年澳大利亚学者乔恩·霍克斯率先提出文化活力是可持续发展的第四极。事实上，文化是一种价值体系，一种特殊资源，更成为联合国教科文组织的主张。无论是理性繁荣，还是城市雄心，都需要有文化活力带动经济增长，没有文化多样性的引领，不仅城市遗产及其环境要遭破坏，最终还会影响城市的可持续性。不管是野蛮裹挟着文明，还是愤世嫉俗或漫不经心，城市都需要扮

演着学习、创意与提升效应的角色。因为只有基于传承、勇于创新的城市，才拥有文化魅力与宜居环境，才成为能激发创新活力的平台。澳新诸城的文化发展确证实了，年轻的国度如何在尊重20世纪建筑遗产的过程中引领城市复兴。

正是这种理念在世界建筑中不断发扬光大，才会使一些名不见经传的小国及小城市都为我们做出了榜样。

有"云中之城"美誉的东非小国厄立特里亚是非洲大陆最年轻的国家，人口不足400万，但其首都阿斯马拉（人口42万）却于2017年入选《世界文化遗产》，这对于"非洲之角"的厄立特里亚而言是极为罕见的肯定。尽管该国有美丽的红色海岸线，首都阿斯马拉又因其意大利风格建筑有"小罗马"之美誉，但它仍是世界上造访游客最少的国家之一。"申遗"的成功无疑将对整个厄立特里亚带来文化与经济的共同发展。其实，它的真正贡献者当属20世纪建筑遗产。阿斯马拉属意大利殖民地，由意大利建筑师在20世纪上半叶建设，它非常完整地体现了城市环境的现代主义建筑风格。如同某些发展中国家的大城市一样，由于欧洲的扩张阿斯马拉产生改变，却意外地留下了世界上最完整和最独特的现代主义建筑遗产。由于资金匮乏，阿斯马拉自20世纪40年代就缺乏重大建设和改造项目，这反而成为半个世纪以前建筑遗产被保护的理由，或许这仅仅提供了用来品读20世纪建筑遗产的城市例证。总体看，阿斯马拉的建筑折射出一个大胆探索、试验的时代，不少建筑形式设计成火车、飞机、汽车等样态，反映出30年代前后意大利理性主义与象征手法。1991年厄立特里亚结束与埃塞俄比亚长达30年的战争，独立的厄立特里亚以乐观主义精神，计划建成新首都，要在传承旧城市风貌中坚持创新。它或许要求建筑师自问：现代化一定意味着要忽略原有的文化遗产，在相当多遭遇殖民后的国度里（多指非洲），对标志苦涩历史的建筑物之破坏、拆毁是独立后的首要任务，但厄立特里亚与大多国度不同，它在质疑声中表现出了不同凡响的文化远识。2000年，该政府主动从世界银行获得贷款，用于鉴别和保护文化遗产，特别包括20世纪上半叶意大利建筑师的设计作品。重要的是他们研究了新建筑与原有风格建筑的历史界线，其目的不是将首都阿斯马拉像城市博物馆一样原封不动地保存，而是使其能够可持续发展，以保证城市的繁荣建设绝不以牺牲早年意大利建筑独有风貌为代价。正是这种大发展也不与传承分离之经验，使阿斯马拉成为特色明显的多元文化的东非名城，在这里可同时品味到新与旧的共生之美。无论从20世纪建筑遗产保护成果看，还是入选《世界遗产名录》的成就看，阿斯马拉城确为中外各国在可持续发展中建立新的传承模式提供了"好样本"。

不论中外，每个城市有其生成的规律，太多相似性使它定会依其逻辑"自生长"。

图 1
悉尼大学

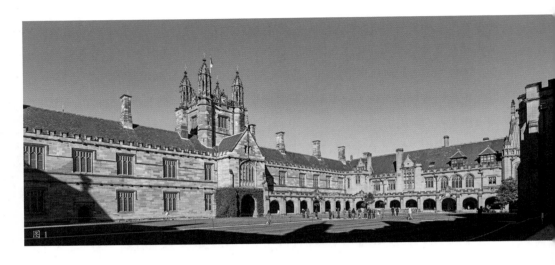

图 1

2017 年澳洲国立大学气象学家研究发现，在 21 世纪后半期，悉尼和墨尔本等城市的最高气温会比现在提升 3.8℃以上，即使《巴黎协议》成功控制温室效应，两城最高温度也会上升至少 2℃，届时悉尼和墨尔本市的最高气温将突破 50℃。该专家团队认为，即使将温室效应控制在 1.5℃之内，能够限制极端炎热天气，但热灾不可避免。为此规划师、建筑师、工程师要全面利用自然、绿色空间、风力廊道等为改善城市热环境而努力，这无疑是生态安全文化建设对当代城市发展的严峻命题，这本质上不仅道出了城市气象减灾问题，更从社会责任与使命上提出了谁的城市，谁要设计与谁来管理的思路。在整个 20 世纪遗产理论中，过去的问题是太注重、太集中在文化遗产层面，一个宜居城市既要有利于城市居民的精神健康，也要有利于城市公众的共生与融合，造就城市基本平等是城市应具备的人性化的素质。中国老北京有"东城贵、西城富、北城贫、南城贱"的说法，而上海也有"上只角、下只角"的传统，无论胡同还是里弄，都是城市各色人等共有的居住空间，都在弥缝社会不同地位人群的裂隙。从一定意义上讲，这也是早已有之的 20 世纪上半叶京沪大城市的人文传统遗产。若从现代设计上看，不少他国城市设计，不论城市中心的"内城"，还是新区的"外城"，多为自然形成的。它们绝少大投入、大项目、大工程之"大手笔"，这不仅是因为搞不定公共财政，也避不开城市更新改造之难题，更是城市人文与生态环境长期"固化"的原因，反之，这便带来了城市"年轮"保持的"妙招"。

在 20 世纪遗产引领城市文化复兴的模式上，欧盟设立的城市文化"选美"给出了三种类型，主要围绕文化遗产与文化事件及其亮点活动。其一，文化促进提升，它以大都市为契机，以文化实践为综合性展示"窗口"，推出有传承价值的文化品牌；其二，文化驱动转型，针对老工业基地、历史厚重感的园区，完成了从功能城市向创意城市的转化；其三，文化引领城市，面对具有地域文化或设计文化发源地的城市，如德国包豪斯的魏玛之城，通过包豪斯设计文化的再梳理与提振，使文化与城市的引领作用充分渗透到方方面面。在文化引领城市复兴的方法与对策中，除德国魏玛文化之都空间复兴的新建与改造类项目，抓住魏玛的"欧洲历史之痕""德国文化之心""建筑艺术之根"三大文化主题十分重要。如今魏玛成立了"魏玛文化城市公司"，创办了一系列规律性文化庆典活动，具体讲，以包豪斯大学为中心，衍生发展了一系列设计创意机构；以哥德诗词中的银杏为主题，开发形成纪念品、保健品、珠宝等一系列文化周边产品；以市政广场的聚拢效应，不定期举办各类文创集市与跨文化研讨活动。所有这些都是从基于遗产传承到服务当代城市转型，从文化展示、体验到文化培育，从凝聚片段到形成文化政策，这一系列举动提供了有价值的文化城市创建维度。在这里，20 世纪遗产及其近现代遗产（指 1900 年之前），以其文化底蕴发挥着作用。此次澳大利亚 20 世纪建筑遗产考察交流，还间接收到了对澳大利亚建筑遗产教育的初步认知，除深入与阿德莱德建筑艺术学院交流外，还参观了墨尔本大学、悉尼大学，在感受建筑遗产课程与校园特色的同时，我们也了解到建筑遗产教学（如测绘、模型、课程设计）情况和研究方向。如阿德莱德大学（University of Adelaide）是澳大利亚八所五星级大学之一，其建筑学十分著名，承袭英联邦教育体系，本科学制三年。其建筑历史课程有选修和必修，相比中国建筑院校，他们课程更密且学时更多。建筑历史课程系所有建筑学专业学生的核心课

图 2
悉尼海港大桥

图 2

程，学科时空跨度大，从远古到当代，包括历史各种建筑流派风格，从介绍著名建筑到讲述建筑师，再到 20 世纪建筑技术与理论（含艺术史），我们明显感到建筑历史课程在澳大利亚建筑教育中的重要地位（绝不仅仅是选修课程）。此外，在其建筑艺术学院档案馆中，除看到学校编撰的优秀历史建筑案例的图册与书，还有大量的图纸，这种场景让人想到 20 世纪 80 年代初中国各大设计院的图档情报室。那时，没有计算机，所以手绘图纸是常态，建筑师、工程师手中的绘图功夫很强，这是基本功。由此可见，在澳大利亚建筑学及建筑历史教学中还在坚持此传统。值得强调的是，澳洲建筑历史教学内容多，但教学方式更为主动，自主学习为主，老师更多的是给予概念性引导，调动同学们对专题的兴趣，然后展开研讨，此种方式的教学质量较高。考核方式更注重学生的批评性思维锻炼、文献阅读、课堂笔记、创作设计（融文化背景与地域特点）等。

顺便也要提及的是，澳大利亚在文献遗产上的贡献也堪称国际水准，是我们应该学习的。据 2019 年国际档案理事会澳大利亚阿德莱德年会组委会的"设计 21 世纪的档案馆"的精神，具有世界意义的"世界记忆项目"是 1992 年由联合国教科文组织倡议的，它主要收录具有国际、地区和国家意义的文献遗产，用以抢救正在逐渐老化、摧毁的人类纪录。为此，国际咨询委员会建立名录，并在 1995 年颁布《世界的记忆——保护文献遗产的总方针》，并对《世界记忆名录》做了具体说明。据不完全统计，从 1997 年入选的 38 项首批文献遗产到 2017 年入选的 80 项文献遗产，20 年间，《世界记忆名录》共收录了来自 5 个地区 124 个国家的共计 429 项文献遗产，其中澳大利亚入选的文献遗产有 6 项，它们是自 2001 年便开始入选的。其土著民族文化和记忆的保护尤具代表性。位于阿德莱德的南澳美术馆拥有大量民族艺术收藏品，当地博物馆便设立了澳洲土著文化展厅，从中可感悟到澳洲土著人的迁徙历史、地域分布、生活习俗、语言文化、艺术与手工艺等。2019 年恰逢联合国教科文组织土著语言国际年，特邀澳洲卡乌族表演者进行了土著文化的"才艺展示"，体现了世界记忆视角下的国家文献遗产的世界意义与价值。如果说，澳洲对文献遗产强调传承，那么其一系列工作更体现以人为本的发展创新原则，如澳洲国立大学的凯瑟琳·丹教授就以悉尼股票交易的档案为例，既详细梳理其纸质档案数字化的过程，也介绍了其建筑空间的变化以适应互联网时代跨域的远程服务利用问题。

本来文章应以随笔形式写就，但可能联想太多，竟然成为"报告"文体式，回眸自 2019 年至今已过的 9 个月，一边是岁月匆匆，一边是我们这些耕耘者不停歇的脚步，用田野新考察报告记录建筑遗产保护与建筑评论的细节是建筑文博人的意义。此时，我自己也在追问，何为我们使命担当中的 20 世纪建筑遗产发展之途。

图 1
笔者在罗土鲁阿政
府花园前的战争纪
念碑前

图 1

它不能仅仅停滞在国人对《世界遗产名录》的羡慕中，也不能停留在国家对因缺乏身份而无端消失的 20 世纪建筑遗产的惦念中，而要动员国家真正付出行动。我明白历史有时就是在徘徊中前进，对任何早期的启蒙倡导者都以轻言开着"玩笑"，但文化遗产与建筑设计的理性要求各路建筑师、文博专家在设计研究上要殊途同归，要从领略 20 世纪的建筑传奇和遗产经典文化中，感悟到世界建筑的潮流与延展力、渗透性。对于此种认知，我格外珍视。这篇亦回忆、亦联想的写作，是在沿着现代性与城市遗产交汇的方向前行，这里有关于 20 世纪建筑遗产价值取向问题的对话，有对以澳大利亚为主的他国建筑文化空间保护的方法与个案，更有传统与文脉、神韵与创新的建筑文化复兴的前景分析。

在全球疫情面前，单纯写文旅文章或许是不道德的。而如果在回眸中，把握住万物的生生不息与自然更迭，那便是尊重生命、守护生命，给生命以希望的必需。用法国思想家阿尔贝特·施韦泽的话作为本文的结尾"善是保持生命、促进生命、使可发展的生命实现其最高的价值"。这样做，或许会成为每个有良知人的年度记忆。

2020 年 2 月 29 日

庚子年二月初七

【篇三】

"ICOMOS 系列演讲：中国—澳大利亚 20 世纪建筑遗产座谈会"纪实

本篇实录了在悉尼举行的"中国—澳洲20世纪建筑遗产研讨会"四位中方专家的发言，其内容分别从中国20世纪建筑遗产研究现状与建言、遗产传播与出版、20世纪高校建筑遗产与先贤、用图片表现建筑等方面，向澳大利亚建筑师、规划师及遗产专家做了展示与交流。虽然并无简单的"他山之石"可直接为中国20世纪建筑遗产传承与创新工作所用，但中国城市国际化发展动因和目标，决定了我们必须在提质建设中走传承保护为基的创"活态"遗产创新之路。

中国 20 世纪建筑遗产的保护现状与当代发展

金磊

20 世纪遗产是近现代百年风云的载体，更是城市与建筑功能延续着的"活态遗产"，它是见证人类知识、文化、技术乃至艺术变革的纪念碑。早在 1981 年 10 月，第五届世界遗产委员会审议了悉尼歌剧院等周边建筑"申报"世界文化遗产，最后因建成时间不足十年而未果，但此事引发了国际社会对 20 世纪人工创造物的关注。1985 年，国际古迹遗址理事会召开专家会议研究起草了 1986 年向世界遗产委员会提交"当代建筑申报世界遗产"的文件，核心是如何运用已有的世界遗产标准评析 20 世纪建筑遗产的价值。

一、中国 20 世纪建筑遗产保护概况

2016 年至 2018 年，在中国文物学会、中国建筑学会联合指导下，由中国文物学会 20 世纪建筑遗产委员会已评选出三批"中国 20 世纪建筑遗产"项目（共计 298 项）。其中第一批 98 项、第二批 100 项、第三批 100 项。

入选 20 世纪建筑遗产项目类型涉及：博览、工业、办公、文教科研、居住、交通、纪念、体育、宗教等十多种，具有以下主要特点。

○ 时间特点

1949 年后建成项目：110 余项，占比约 40%

1949 年前建成项目：180 余项，占比约 60%

1978 年后建成项目：31 项，占比约 10%

○ 地域上特点

中国 20 世纪建筑遗产项目分布地区排名前五的省（市）如下

北京：67 项。

江苏：31 项。

上海：27 项。

广东：26 项。

天津：17 项。

图 1
金磊在研讨会中发言

新西兰、澳大利亚20世纪建筑遗产考察

二、《中国 20 世纪建筑遗产认定标准（2014 年 8 月 北京）》

中国认定标准的诞生基于三个依据。

其一，参照 1999 年在北京召开的世界建筑师大会，吴良镛院士推出的《北京宣言》，其中有马国馨院士向国际建协提交的《中国 20 世纪建筑遗产名单》；吴良镛院士说"文化是历史的积淀，存留于建筑间，融汇在生活里，对城市的营造和市民的行为起着潜移默化的影响，是城市和建筑的灵魂。"《中国 20 世纪建筑遗产名单》使中国建筑师在《北京宪章》指导下开启了中国 20 世纪建筑遗产研究的序幕。从国际上看，国际古迹遗址理事会 20 世纪遗产国际科学委员会 2011 至 2012 年间就编制 20 世纪遗产地保护准则，并于 2011 年 6 月 16 日以"关于 20 世纪建筑遗产保护办法的马德里文件 2011"予以发布。

其二，《中国 20 世纪建筑遗产认定标准（2014 年 8 月 北京）》以下简称《认定标准》是以联合国教科文组织《实施保护世界文化与自然遗产公约的操作指南（12-28-2007）》，国际古迹遗址理事会 20 世纪遗产科学委员会《20 世纪建筑遗产保护办法马德里文件 2011》《中华人民共和国文物保护法（2007）》，国家文物局《关于加强 20 世纪建筑遗产保护工作的通知（2008）》等文献为基础完成的。

图 1
勒·柯布西耶入选世界文化遗产的 17 座建筑

其三，国际社会对 20 世纪建筑遗产与设计大师的敬畏。2016 年 7 月，土耳其伊斯坦布尔召开的第 40 届世界遗产大会中，国际著名建筑师勒·柯布西耶分别建在 7 个国家的 17 座建筑终于入选世界遗产名录。

2018 年，致力于保护英格兰境内历史遗迹的公共机构"历史的英格兰"就发布了一批保护建筑的名单。值得关注的是，这次入选的 17 个项目全部是后现

图 2
《中山纪念建筑》

图 3
《抗战纪念建筑》

图 4
《辛亥革命纪念建筑》

图 5
文汇报文汇学人栏目关于英国后现代建筑的文章

代主义建筑风格的，其中有博物馆，大多为有特色的住宅与公寓。甚至不少建筑的年龄在"30岁"之下。这些虽非纪念建筑的经典项目，但因其绚丽多彩而无可争议地具有纳入20世纪纪念意义建筑的理由。

在中国20世纪建筑遗产认定中如何坚持文化遗产的普遍性、多样性、真实性、完整性原则，要注意如下文化遗产特征的应用：

该建筑应是创造性的天才杰作；具有突出的影响力；文明或文化传统的特殊见证；人类历史阶段的标志性作品；具有历史文化特征的居住建筑；与传统或信仰相关联的建筑（就中国20世纪建筑而言：中山纪念建筑、抗战纪念建筑、辛亥革命纪念建筑等均属中国20世纪有意

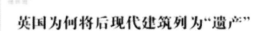

图 5

义事件下体现价值观的"事件建筑"项目）。

三、中国 20 世纪建筑遗产项目示例

1."北京十大建筑"品牌的标志性

北京：巍巍古都，核心优势，使北京拥有最多的 20 世纪建筑遗产项目，截止 2000 年前共计三批 30 项。北京十大建筑近一半入选，其中新中国十年的"国庆十大工程"全部入选（仅华侨大厦 1959 年 10 月竣工，1988 年拆除在原址复建）。

2. 工业建筑遗产对城市更新意义大

入选中国 20 世纪建筑遗产最小的项目：安徽池州祁红老厂房。

在第一批至第三批 20 世纪入选项目中，工业遗产倍受关注，既有"二战"时兵工厂、新中国大小"三线"厂，也有百年历史的首钢工业园区，但这里要介绍的是一个中小企业——安徽国润茶业。

入选理由如下。

（1）它历史悠久，"祁门红茶"可追溯到 140 年前，其传统手工艺一直流传至今，百年来它的国际影响甚远且是全球三大顶级高香茶中国唯一产地。

（2）它的主要厂房及厂区环境是一个完整的 50 年代园区，其茶业仓库 60 年的"茶香"令人回味，制茶车间从厂房到设备都是五六十年代自力更生的产物，检场建筑室内木桁架更精美绝伦。在这"活态"厂区内，有包豪斯风格，有新中国设

图 1～图 4
前后四届中国 20
世纪建筑遗产项目
发布会专家合影

计，有安徽地域文化的痕迹，也有 80 年代的水刷石装饰等，是一个集生产、体验、工业文化、游览于一体的好去处，是一个最本真的"全遗产"活化之地。

入选中国 20 世纪建筑遗产最大的项目：中国第二个核工业基地（重庆 816 工程）。

2015 年 6 月《人民日报》对"816 地下核工程"做了定位式报道：816，它既是一个历史名词，也是一种民族精神，一段共和国记忆，更是几代人的青春。这个历史名词叫"三线建设"；这种民族精神叫"无私奉献"；这段共和国的记忆叫做"备战备荒"。所以，进一步挖掘和认同 816 项目的历史、社会、科技、经济和工程美学等诸多价值，实现 816 文化精神的重新梳理与弘扬，分析作为新中国重要"事件建筑"的"三线建设"的经典个案十分有益，是难得的 20 世纪复合遗产类型。

四、中国 20 世纪建筑遗产关注"建筑巨匠"研究（略）

五、与澳大利亚及世界各国展开 20 世纪建筑遗产合作建言

（1）20 世纪建筑遗产与塑造城市标志性建筑

（2）20 世纪建筑遗产与国民建筑文化知识普及；

（3）20 世纪建筑遗产与国家及城市的摸底普查；

（4）20 世纪建筑遗产与遗产诸学科的交叉研究及联合；

（5）20 世纪建筑遗产与 20 世纪"事件建筑学"；

（6）20 世纪建筑遗产与传统工艺修复技法及材料；

（7）20 世纪建筑遗产与开展建筑评论；

（8）20 世纪建筑遗产与发挥非政府组织作用等；

建议在中国召开一届 ICOMOS 20 世纪委员会国际论坛

中国 20 世纪建筑遗产的文化传播与特色出版

韩振平

作为专业媒体人参加这次"新西兰、澳大利亚 20 世纪建筑遗产考察交流活动"很有意义。我们了解到了 20 世纪建筑遗产委员会和澳洲的建筑师们是如何对待这些遗产和怎样保护这些遗产的，不是"拆与不拆"的问题，而是一种全面的保护的理念。哪怕只剩下一个外立面可用也要保护，修建好建筑，让人们仍能看到原有建筑的风格，保留痕迹。在两个旧图书馆建筑之间用现代的玻璃建筑连接起来，成为大的阅览厅，使旧建筑赋以活力。悉尼歌剧院自建成之后还一直不断地被完善，增加新的功能，如为方便残疾人进入歌剧院刚刚建成了残疾人电梯。悉尼大桥边上的传统建筑，通过完善内部功能、观景效果、办公条件、屋顶整治，使其既能满足餐饮功能，又能作为观景。一个小小的穹顶建筑改造成演出场所，周边绿化成为美景。旧的窑厂建筑也被保护起来，烟囱用铁箍保护，留下城市建设的印迹，使得城市的建筑丰富多彩。我们应该推广这些做法，这是当务之急。让 20 世纪的建筑遗产得以保护，出版传播是一种有效的手段。

天津大学是近代中国的第一所大学，历史悠久，许多学科全国领先。天津大学出版社主要是出版教材和专著的学术出版社。多年来出版社依托建筑专业出版了许多国内外优秀建筑图书供建筑设计人员和师生参考，形成了鲜明的出版与学术特色，在中国享有盛名，多部图书还获得了国外业界的版权输出。

多年来为了提高大家的认识水平，我们为单霁翔（国家文物局原局长、故宫博物院原院长）出版了他关于城市发展与文化遗产保护的多套著作，合计五十多本，奠定了我们出版建筑遗产保护的出版方向，并在《建筑创作》杂志社、《中国建筑文化遗产》编辑部策划编撰下，完成了建筑遗产与事件建筑《抗战纪念建筑》《中山纪念建筑》《辛亥革命纪念建筑》共各类图书百余卷。20 世纪

图 1
韩振平在研讨会中发言

图 1

图 2
天津大学出版社出版的"单霁翔文化遗产保护丛书"

建筑是城市时代的印迹，是城市文化的组成部分，在中国城市化快速发展时期对 20 世纪建筑遗产保护起到重要作用。随着 2014 年中国文物学会 20 世纪建筑遗产委员会组建，我们也加入了专家队伍一起参加全部活动，有力地配合学术传播与普及推广工作。现已推介了三批中国 20 世纪建筑遗产项目，出版了第一批 98 个项目的《中国 20 世纪建筑遗产名录（第一卷）》，还陆续出版诸城市的建筑遗产史料专著。如《天津历史风貌建筑（四卷本）》和精选本、《天津历史风貌建筑图志》"天津的一楼一世界系列丛书"《五大道的建筑故事》《天津意式风情街》《天津老银行》介绍了这些建筑的整修及其故事。这些整修过的建筑已经成为天津的旅游圣地，大家称天津是建筑的万国博览会。为了让文化遗产在当今社会"活"起来，焕发青春，我们配合天津历史风貌建筑专家委员会天津大学等连续出版了五届《建筑遗产保护与可持续发展·天津学术论坛论文集》。此外，还出版了"建筑中国六十年"，它成为国家新闻出版署新中国成立六十年的庆典图书之一；继 2009 年推出《中国建筑三十年：1978—2008》，2019 年又在《建筑评论》支持下，出版《中国建筑历程1978—2018》，这些都反映了 20 世纪的建筑遗产、设计机构和建筑师的学术贡献。

在传播并研究 20 世纪建筑遗产保护工作中注重出版 20 世纪建筑师的传记，组织翻译了《当代世界建筑》，当中介绍了 13 种 600 多座建筑的研究和建筑思想发展的踪迹；翻译了韩国 20 世纪的优秀建筑师及其作品，柯布西耶的建筑思想和作品等，尤其对涌现的许多优秀的中国建筑师，努力为他们"著"史，如《中国第一代女建筑师—张玉泉》《匠人钩沉录》《我的建筑创作道路—张镈》《伟大的建筑—吕彦直》等书，还为中国工程院院士马国馨出版了 20 多部专著《体育建筑论稿——从亚运到奥运》《建筑求索论稿》《礼士路札记》等；20 世纪中国建筑师刘敦桢之子刘叙杰的《脚印履痕足音》，建筑学家曾昭奋的《建筑论谈》，总建筑师布正伟的《建筑美学思维与创作智谋》，20 世纪 50 年代北京园八大总之一的《结构大师杨宽麟》，《厚德载物的学者人生：纪念中国结构工程设计大师胡庆昌》《周治良先生纪念文集》，正在筹备出版《冯建奎文集》《卢绳文集》等。

中国近代建筑教育和 20 世纪校园建筑遗产概述

陈雳　张瀚文

当今中国的建筑教育是近代建筑教育体系的延续和发展，本报告梳理了从 20 世纪 20 年代到 20 世纪末中国建筑教育的发展历程，对建筑教育体系形成与发展的历史原因进行了探讨。对于近代著名的建筑学者和教师团队、建筑教学的状况及代表性的学校建筑教育的发展进行阐述，目的是为了向澳大利亚同行展示中国建筑学者的风采，并对中国 20 世纪校园建筑的风格做了初步整理。

1. 中国近代建筑教育

中国近代建筑教育主要由两个渠道发展而成，一是 20 世纪 20 年代从海外归来的留学生投身建筑教育，他们也成了中国近代建筑教育、建筑设计和建筑史学研究的奠基人，代表人物有梁思成、杨廷宝、童寯、范文照、陈植等。中国近现代建筑教育深受美国宾夕法尼亚大学体系的影响，也称为"布扎"（Beaux-Arts）体系。另外一个渠道则是近代官方兴办的建筑科、建筑学。1902 年清政府草拟了《钦定学堂章程》，并首次将建筑学与土木工程同时纳入中国教育章程中，但是此后很长一段时间土木工程一直占据主导地位，建筑学一直比较弱势。

（1）江苏公立苏州工业专门学校

1923 年，江苏公立苏州工业专门学校设立了建筑科，拉开了中国人创办建筑学科教育的序幕。苏州地处江南，经济繁荣、对外交流密切，一直是中国自近代以来政治、经济、文化等各方面发展前沿的重要城市，教育在江苏也得到很大重视，很早就出现了一些信使学堂。

江苏工专建筑科是由从日本东京高等工业学校留学归来的柳士英发起，与刘敦桢、朱士圭、黄祖淼合作共同创办的，它的教学体系很好地沿用了日本建筑教学体系，学科采用三年学制，并开设了建筑意匠、建筑结构、中西营造法、测量学、建筑力学、建筑史等 26 门专业课程，其中结构技术和业务方面的课程有 16 门，占总课程的一半以上，而美学原理类课程相对减少，更加注重工程技术和实用性，这与日本建筑体制和建筑思想的影响有直接关系。

（2）中央大学建筑系

1927 年苏州工专与东南大学等 8 所大学合并为国立第四中山大学，后改为国

图 1
宾夕法尼亚大学绘
图教室

图 2、图 3
1902 年清政府草
拟的《钦定学堂章
程》

图 4
柳士英

图 5
刘敦桢

图 6
梁思成和林徽因

立中央大学。国立中央大学也是中华民国时期中国的最高学府，是国立大学中系科设置最齐全、规模最大的大学。

国立中央大学建筑系成为中国高等教育学校的第一个建筑学科。学校对于新建筑系教师的要求格外严格。校方通过筛选，最终聘请 1925 年从美国勒冈大学硕士毕业的刘福泰为建筑科主任，随后又聘请了许多海外留学归国的建筑人士担任建筑科老师，如李毅士（留英）、卢树森（留美）、贝寿同（留德），以及由苏州工专而来的教师刘敦桢（留日）等。学校筛选教师时不仅仅重视教师的学历，对于教师留学的国别也很挑剔，选择教师时更加倾向于留学欧美国家的毕业生，从这点可以看出中央大学的建筑教育制度主要以美国为蓝本，美国的建筑思想与建筑教育制度逐渐成为中国建筑教育的主流。

（3）东北大学建筑系

张学良将军对于教育事业十分支持，他不仅全力支持东北大学建立各系各科，并且还派出大量学生出国深造。1928 年 8 月，在他的支持下沈阳国立东北大学成立了建筑系，创办者就是宾夕法尼亚大学毕业的梁思成以及他的妻子林徽因。

东北大学建筑系刚刚成立之初，教学人员只有梁思成、林徽因夫妇，课程的设定也由两人决定，因梁先生一直受美国宾夕法尼亚大学建筑教育的影响，东北大学

图 1
沈理源

的建筑教育依然采取以建筑艺术和设计课程为主，工程技术课程为辅的特点，建筑为 4 年制。1929—1930 年，陈植、童寯、蔡方荫等教授纷纷加入了东北大学建筑系教师的队伍，建筑系逐渐走上正轨。1931 年东北沦陷，东北大学也随之没落。

图 1

（4）北平大学艺术学院

北平大学的前身为京师大学堂，1912 年更名为北京大学，由于 1927 年国民政府定居南京，北京改为北平，因此北京大学也随之改为北平大学，蔡元培任大学校长，并且建立了以学术研究为中心的现代大学制度。1928 年，蔡元培又创建了"大学区制"，即在国立北平大学下成立十一所学院，其中艺术学院中设置建筑系，这是中国第一个设立在艺术学院中的建筑系。被学校聘为系主任的是汪申，毕业于法国建筑专科学校。讲师华南圭也毕业于法国，另外还有讲师朱广才、曾书和、张剑锷。学校招收的第一批学生有 7 人，预科生有 5 人。沈理源曾留学于意大利那不勒斯大学，在北平大学建筑系中是教学的核心成员，1934 年被聘为建筑系主任。

2. 20 世纪 30 年代之后中国建筑教育发展

20 世纪 30 年代，各地大学中陆续开办了建筑系。如重庆大学建筑系、北平大学工学院建筑系、上海圣约翰大学建筑系、清华大学建筑系、唐山工学院建筑系、之江大学建筑系、中山大学建筑系等。同一时期，东北三省被日本占领期间，还有哈尔滨工业大学、新京工业大学和大连工业学校也都设有建筑系。这些大学中建筑系开办渠道基本包括国立、省立、私立和教会开办等，基本形成了建筑教育网。

3. 1952 年大学院系调整后的格局

20 世纪 50 年代初，在新中国成立的大背景下，中国开始向前苏联全面学习，并进行教育机制的改革，具体方法就是将原来范围较大的专业划分成若干更加具体、范围更小的专业，这样可以有效缩短修课年限，使学生更快加入到社会工作中。1952 年下半年，全国高等院校进行了大规模的院系调整工作，具体是将工学院内的建筑系根据要求进行了合并。

大学院系调整完成后，中国建筑教育逐渐形成了建筑"老四校"和"老八校"的格局，一直影响到现在。起初全国设立建筑学专业的院校共有 7 所，分别是东

图 2
建筑"老八校"校徽

清华大学　　　　同济大学　　　　东南大学　　　　华南理工大学

天津大学　　　　重庆大学　　　　哈尔滨工业大学　　西安建筑科技大学

图 2

北工学院、清华大学、天津大学、南京工学院（今东南大学）、同济大学、重庆建筑工程学院（今重庆大学）和华南工学院（今华南理工大学）。其中清华大学、天津大学、南京工学院、同济大学这四所学校的基础比较强，被称为"老四校"。1952—1959 年期间，东北工学院被合并，改名为西安建筑工程学院（今西安建筑科技大学）。另外，哈尔滨工业大学在其原有的土建系基础上组建了哈尔滨建筑工程学院（后改名为哈尔滨工业大学），又成为了一所重要的建筑院校。这两所院校加上前文七所（除东北工学院）被成为建筑"老八校"。

（1）清华大学

1946 年，清华大学开办建筑系，梁思成被聘为建筑系主任。同年底，梁思成赴美考察战后美国教育，经过对美国教育的研究和思考，梁思成回国后提出了体形环境设计的教学体系。建筑系改名为营造系，下设建筑学与市镇规划两个专业，课程教育也分为五个部分：文化及社会背景、科学及工程、表现技巧、设计课程和综合研究，并且增添了渲染图纸的训练。在苏联思想的影响下，该系从之前流行的"构成美学"的思想逐步转变成重视古典美学原则。复古思想对建筑系的学生影响颇深，他们在设计中采用大屋顶、彩画等中国古典建筑形式及构件。

（2）同济大学

同济大学主要是在 1952 年院系调整后，由原圣约翰大学建筑系、之江大学建筑系以及同济大学土木系市政组合并而成，副系主任为黄作燊（曾师从格罗皮乌斯），是原圣约翰大学的建筑系主任。这三支主要的院系在学术思想和教学方法上也极不

图 1
黄作燊

图 2
杨廷宝

图 3
徐中

相同。原约翰大学建筑系主张现代主义建筑思想，历史较为悠久的之江大学更加主张学院式教学方式，加上同济大学特有的建筑系教师队伍结构，最终形成了同济大学建筑学的三大特点：一是建筑与规划并重，有金经昌和冯纪忠两位城市规划奠基人为规划教师队伍之首；二是学院式与现代主义思想和方法这两种教学模式长期争论与共存；三是同济大学建筑系的教学模式是采用包豪斯体系的教学方法。

（3）东南大学

东南大学建筑学院的前身为中央大学建筑系，创建于 1927 年，前文已有介绍。1949 年更名为南京大学建筑系，1952 年院系调整后成为南京工学院建筑系，建筑系主任为杨廷宝，1988 年学校复名为东南大学建筑系，2003 年组建为东南大学建筑学院。

（4）天津大学

天津大学建筑系最早为 1937 年创建的天津工商学院建筑系。1952 年院系调整后，津沽大学建筑系（原天津工商学院建筑系）、北方交通大学建筑系（原天唐山工学院建筑系）与天津大学土木系共组建了天津大学建筑工程系，1954 年成立了天津大学建筑系，建筑系主任为徐中。天津大学建筑系对于学生的技术工程、工艺、实践方面格外重视，且古典形式在教学的过程中贯穿始终，且注重于技术、构造、历史等方面。

4. 中国大学校园的 20 世纪建筑

近代以来中国大学校园的规划与建设有诸多亮点，每个学校有各自的建筑风格，基本上以三种风格为主：中国传统风格、欧洲古典风格和现代主义风格，前两种风格在历史底蕴深厚的大学建筑中尤为明显。

（1）中国传统风格

中国传统风格的建筑物通常采用分散式布局，建筑密度与容积率都不高，建筑形式多为中国传统形式的大屋顶，有飞檐翘角和雕梁画柱，有色彩大多鲜艳，开窗形式简洁的特点。大学校园中的典型中国传统风格的建筑有天津大学办公楼、武汉大学教学楼、湖南大学教学楼以及哈尔滨工程大学教学楼等。

（2）欧洲古典风格

欧洲古典风格，是具有西方建筑的特征，如西方柱式、山花、线脚、钟楼、拱

图 4
天津大学

图 5
武汉大学

券、甚至是玫瑰窗，建筑带有浓郁的欧洲古典风格。东南大学礼堂和东南大学图书馆都为欧洲古典风格。东南大学礼堂恰好位于校园的中轴线上，绿色的穹顶是欧洲文艺复兴时期的风格，低调又沉稳，建筑的八角形钢结构窟窿顶径跨为 34 米，跨度达到当时中国之最。中国校园中具有欧洲古典风格的建筑还有苏州大学的教学楼、中国海洋大学的教学楼、哈尔滨工业大学教学楼等。

(3) 现代主义风格

大多历史不是很悠久的建筑都采用现代风格，从包豪斯的校舍开始，现代主义风格在大学中很是流行，如同济大学文远楼的文远楼就是典型的一例。现代主义风

图 1
东南大学

图 2
同济大学文远楼

图3
浙江大学紫金港校区

图4
亨利·墨菲

图3

格的建筑简洁有力，建筑结构完善，体块更为灵活，立面开窗形式也比较自由，是校园建筑的主要风格。很多校园建筑是以现代主义手法为建筑主体，添加一些建筑细部，以表现文化性，这一类型的建筑采用了现代主义为基调的折中主义形式。

（4）当代校园建筑

当代的中国大学除了保留下来的建筑遗产之外，新建筑多以现代建筑为主流，体现了多样化、整体性、生态化和地域化的特点。除去建筑外在形式，当代的校园建筑也更加重视内部空间的营造，体现了建筑文化与技术特色。

5. 墨菲的中国校园建筑

主导中国近现代大学校园"传统复兴式"形态的建筑师是以美国亨利·墨菲

（Henry Killam Murphy, 1877—1954）为代表的西方建筑师。亨利·墨菲对中国近代城市规划与建筑设计做出了杰出的贡献，他曾于20世纪上半叶设计了雅礼大学、清华大学、福建协和大学、金陵女子大学和燕京大学等多处中国知名的大学校园，很多建筑成为中国20世纪校园建筑中的重要文化遗产。

图4

墨菲在中国大学校园传统复兴形式探索上，借鉴了中国传统建筑形式与规划格局，创造出一种中国传统风格的校园建筑类型。他仿照中国传统建筑形态，基本控制在两层的高度，主体建筑通常采用中国传统的歇山屋顶，加入彩画、斗拱、脊兽、匾额等中式细部。在校园规划的布局上也是运用了中国传统的布局形式，形成前"学"后"寝"的模式。在墨菲的设计中，建筑单体和校园规划都渗透着"中式"风格。通过项目的实践和理论研究，墨菲还难能可贵地总结了中国传统建筑的五大要素：① 中国传统的"反曲屋面"，② 有秩序的建筑格局，③ 明确的建筑结构，④ 华丽的色彩，⑤ 大体量的石造基座。这些建筑要素对于中国校园建筑形态的传统复兴有很大的参考价值。

图 1
雅礼大学

图 2
金陵女子大学

图 3
陈雾教授在研讨会
中发言

图 3

6. 结语

　　尽管各建筑院校都有其个性的体现，当前主要是以"老四校""老八校"为地区的主流，向外扩张，具有流动性和延续性。但因建筑行业有工科与艺术结合的特性，建筑行业依旧很少成才，大多是随波逐流，很少对于建筑流派、建筑理论、建筑材料等学术研究进行深刻的探讨。对于 20 世纪近代中国校园中的建筑遗产保留不仅仅是保留了旧建筑的形式，更是保留了中国近代建筑学校的发展历史的过程，是建筑界的财富。

中国 20 世纪建筑遗产的图片表达

李沉

　　20 世纪是人类文明进程中变化最快的时代，对中国来说它更具有特殊意义。中国文物学会 20 世纪建筑遗产委员会于 2014 年成立后，在中国文物学会、中国建筑学会的带领下，在全国众多院士、大师、专家以及关注 20 世纪建筑遗产的各届人士的关心下，积极推动中国 20 世纪建筑遗产的调查、保护、研究、宣传、普及等工作，特别是分别于 2016 年 9 月、2017 年 12 月、2018 年 11 月先后三次公布三批共 298 项中国 20 世纪建筑遗产项目，新华社、中央电视台等主流新闻媒体以多种形式进行报道，学术界也先后举行研讨会、大型展览，出版专著，引起了全社会对中国 20 世纪建筑遗产的关心和瞩目。

　　这其中，给人们印象最深的是那些展览及出版中构图精美、夺人眼球，或黑白或彩色，反映各个时代建筑英姿的建筑照片。无论是网络、电视，还是报刊、展览，人们通过各种时期的图像，了解到不同时期建筑的建设、发展、变化、保护，甚至被毁灭的过程。建筑照片带给人们的不止是对建筑与城市的记录，更反映了不同时代的历史、文化、环境、经济、技术的发展变化，是一种传播所必须的特殊载体，通过它起到对优秀文化的传承作用。

图 1
南岳忠烈祠

图 2
民族文化宫

图 3
南京人民大会堂

图 4
清华大学大礼堂

20 世纪初叶是中国现代建筑崛起的年代，也是西方现代建筑发展进入成熟的时期。种种原因所致，当时中国的城市中许多大型建筑的设计主要是由外国人来把持，他们将现代建筑的发展和技术带到中国，同时也将西方的思想、文化、生活方式带到中国，这些对中国现代建筑的发展起到了巨大的影响和推动。墨菲、邬达克等外国建筑师是其中的代表，徐家汇教堂、北京协和医院、燕京大学、清华大学早期建筑、南京金陵大学等建筑的出现，为当时中国社会带来了前所未有的变化。

1929 年南京国民政府的《首都计划》以及同时期《上海市中心区域规划》都体现了中国建筑"文化本位"的思想，从而提出了"中国固有之形式"，加之中国建筑师的中国建筑的探索，形成了一股与外国建筑师相抗衡的建筑设计力量。吕彦直、庄俊、赵深、陈植、童寯等中国建筑师的出现，中山陵、中山纪念堂、紫金山天文台、南岳忠烈祠、黄花岗七十二烈士墓园、南京国民政府建筑群等建筑的涌现，标志着中国建筑师的崛起和成长。他们在建筑民族化、建筑历史文化、地域文化相结合的方面，做出了前无古人的突出贡献。他们将中国传统文化与西方现代技术及建筑思想相结合，为中国现代建筑的发展进行了有益的实践，并推动了中国现代建筑的发展。

中华人民共和国成立后，受政治和经济环境的影响，在"适用、经济、在可能条件下注意美观"的建筑方针指引下，中国建筑师在现代建筑风格的基础上，继续进行有关中国建筑风格的探讨与实践。这一时期，出现了一大批堪称经典的建筑，如人民大会堂、民族文化宫、北京友谊宾馆、电报大楼、西安人民大厦、广州泮溪酒家、成都锦江宾馆等，张镈、张开济、戴念慈、林乐义、洪青、莫伯治、徐尚志等一大批中国建筑师为中国建筑的发展，做出了积极贡献。

改革开放后，中国建筑学习国外的先进思想和技术，不止开拓了建筑师们的视野，更重要的是提高了对现代建筑的认识和了解，为进一步发展中国建筑打下了良好的基础。繁荣发展的时代，促进中国当代建筑的飞速发展，白天鹅宾馆、香山饭店、中国国际展览中心、陕西历史博物馆、国家奥林匹克体育中心、金茂大厦、东方明珠的优秀建筑矗立与祖国各地，吴良镛、齐康、张锦秋、程泰宁、何镜堂、马国馨、何玉如、刘力、黄星元、刘景樑、柴裴义等建筑师的出现，使得中国建筑的传承得以进一步发展。他们及其前辈为中国建筑所作出的贡献，将铭记于史。

优秀的建筑照片，为人们提供观察20世纪中国建筑的新视角，照片审视和记录了中国20世纪社会发展进步的文明轨迹，以建筑遗产为载体，发掘并确立中华民族百年艰辛探索的历史坐标，对于理解中国现当代建筑发展脉络，对于从城市与建筑视角审视中华民族百年建筑经典之时代价值，对于鼓舞当代建筑师的发展都有非凡意义；同时，可以提升业界内外对中国20世纪建筑遗产项目的认知，具备历史、文化、艺术、科学、人文等更广泛的视野；可以使全社会领悟到20世纪建筑遗产项目与前辈建筑师设计思想的"伟绩"；可以从20世纪的诸多事件上感悟事件与建筑背后的人和事。

建筑照片可以做到建筑与时代、建筑与文博、建筑与艺术、职业与公众诸方面相结合，还要让20世纪建筑遗产不仅成为文献档案，更成为集结丰富建筑文化、服务当代城市生活、繁荣建筑创作的符号与标志。

图 1
南京金陵女子大学

图 2
中国国际展览中心

图 3
宣武门天主教堂

编后记

　　秋去春来，光阴荏苒，一晃始于2006年9月末的"田野新考察"距今已经八个月了，建筑文化考察组的步履已踏过北京、天津、河北、山东、河南、江苏、浙江、陕西诸省。谈及体会确有且行且吟田野间之感；谈及成果尤觉2006年11期《建筑创作》杂志开篇"京张铁路历史建筑纪略"之份量；谈及意义和价值，沐浴着一路风尘，我们通过追随营造学社先贤的足迹，仿佛看见了四川李庄陋室中菜油灯下《中国营造学社汇刊》的编撰身影，咀嚼到建筑田野考察的艰辛和愉悦，由衷地怀恋起建筑学人那文化风度，更梳理起诸多已经尘封的建筑记忆。

　　确定建筑行走的"田野新考察"并组建"建筑文化考察组"源于2006年3月28日～4月1日在国家文物局、四川省人民政府支持下的"重走梁思成古建之路——四川行"活动。那是一个油菜花盛开的时节，数十位建筑专家、文物专家及国家文物主管领导做了一次建筑文化遗产的传承者。回想"四川行"活动，我不仅感到它是一个建筑界、文物界"大联合"的"文化遗产"保护之旅，更成为一次科学理念指导下的建筑文化遗产保护的实践，它唤起的不仅是中国营造学社李庄历程的记忆，更多的应是一种文化认同，是对当代中国建筑师有益的深度文化熏陶。《建筑创作》杂志2006年6期曾发表署名文章《梁思成建筑精神及其现代启示》，我们曾建议要在总结"四川行"活动成果的基础上，适时地举行"京津冀行""山西行""河南行"等活动，从而完成新意义下的《中国营造学社汇刊》考察及出版系列。《建筑创作》杂志自2006年11期迄今连续推出的"田野新考察报告"专栏及呈现给读者的系列图书"田野新考察报告"，正是当时策划的成果之一。作为每一位全身心叩谒建筑先辈的建筑文化考察组成员，都为今日的成果而兴奋。

　　建筑文化考察组作为BIAD传媒《建筑创作》杂志社与中国文物研究所文物保护传统技术与工艺工作室联合组成的非官方学术组织，已有效地推进着中国建筑文化遗产的实地考察和调研，其成果正在并已经得到建筑界、文物界等方面业内外人士的好评。与朱启钤、梁思成、刘敦桢等一代巨匠的良知、责任和理念相比，与中国博大的建筑文化天地"大书"的不懈追求相比，我们所做的仅仅只是开始。聊以自慰的是我们的理念及言行遵循着《中国营造学社汇刊》的办刊与研究宗旨，脚踏实地的模拟着朱启钤、梁思成、刘敦桢等前辈总结归纳的考察模式，至少我们的研究成果的形式也符合国家文物局印发《国务院关于开展第三次全国文物普查的通知》及诸多方面的建筑文化遗产保护的精神。令我们十分欣喜的是，2007年4月18日《中国文物报》转发了徐苹芳、罗哲文、谢辰生、傅熹年四位大家给国家文物局单霁翔局长的信，建议古建筑、石窟和雕塑铭刻等遗存调查修缮报告要强化编写与出版。我们认为这或许孕育着一个较大规模的建筑田野考察活动的展开。作为一种联想，我们还认为，在当今城市化喧嚣的活生生的痛与爱面前，坚持"田野新考察"并编撰"报告"，不仅仅是对历史保持足够的庄重、敬畏和景仰，更是为了比照传统与现代的明暗进退，探寻到能成为启迪中国建筑文化自尊的先锋途径。恰从此含义入手，我们相信建筑业内外人士会同意，投资现代就要收藏历史之说法。

建筑文化考察组虽固定人员不多，但只要大家聚在一起便能在聊天中感悟"田野考察"所带来的无比幸福。因为每到一个城市，我们都用激情向它的历史致敬。每每拜谒传统建筑，再读文化与建筑先贤的事迹和著述都能感受到一种德性之树在生长。虽考察中因时间关系不断做着"加减法"，但中国建筑文化的智慧之书令人无法忘怀。我们认为，始于朱启钤及中国营造学社的田野考察历史，展现了中华民族建筑发展的永恒魅力之一，它之所以得到传承，是因为建筑先贤的灵魂决定并预示了整个时代的探求古今的精神。建筑作为一个大课题，确实没有什么比它为人类提供的精神与生活的载体更为重要的了。它不仅是现代的，更是历史的；它不仅是科学的，更是艺术的；它不仅构造现实空间，更追求精神价值；它几乎是每一位公众的品位及爱好，但更反映城乡公共审美的尺度。所以，建筑活动必然同时关注其文化品格、文化属性的塑造，因为任何缺少历史性灵的"家园"定无生命可言。

自2006年11期《建筑创作》杂志刊出的"田野新考察报告"已经涉及如下丰富的专题：

2006年11期"京张铁路历史建筑纪略"

2006年12期"河北正定、保定等地古建筑考察纪略：写在刘敦桢先诞辰110周年华诞之际（之一）"

2007年1期"西安古建筑考察纪略"

2007年2期"大运河建筑历史遗存考察纪略"

2007年3期"河北涞水、易县、涞源、涉县等地历史建筑遗存考察纪略"

2007年4期"承德纪行"

2007年5期"河南安阳等地考察纪略——写在刘敦桢先生110周年华诞之际（之二）"

2007年4月29日考察组一行造访中国营造学社成员、现年93岁高龄的中国文物研究所研究员王世襄先生，当向他汇报《田野新考察报告》的行走及编撰思路后，老人非常赞同，他希望此举真可成为当年《中国营造学社汇刊》的延续。我们也曾在多种场所下宣传过"田野新考察"报告的策划思路，强调过此举要"续先贤之足迹，立新意于当世"。我们坚信：这创意在京城、行走在田野、面向全球建筑文化高地的文化创意活动，能为中国建筑文化的世界传播带来一缕新风。

英国科学史巨匠李约瑟博士曾在其《中国科学技术史》上对《中国营造学社汇刊》予以极高的评价："《营造学社汇刊》是一种包含了丰富的学术资料的杂志，是任何一个想要透过这个学科表面，洞察其本质所不可少的。"本考察组成员、现为中国文物研究所建筑学博士温玉清在其博士论文《中国建筑史学史初探》中则分析了中国营造学社学术研究之所以影响大，得益于成果在《中国营造学社汇刊》上及时发表的学术交流视野。愿通过建筑文化考察组持之以恒的"建筑行走"的努力，不仅梳理起历史碎影，更要肩负起行业责任，扎实且理性地使编撰的每一卷《田野新考察报告》系列文集，树立起中国建筑文化的品牌，使之得以延续不辍。我们真诚地希望当代建筑师、尤其是青年建筑学子，在直接研读成书于六十余年前的《中国营造学社汇刊》的同时，也来关注历经社会大变革后全新的《田野新考察报告》，从新一代探求者的鲜活文字与精美图片中，增强对传统建筑文化的新认知和新解读。

播种思想，付之行动；播种行动，收获精神；播种精神，传承文化。

金磊：《建筑创作》杂志社主编，中国建筑师分会理事

刘志雄：中国文物研究所资料信息中心主任

2007年5月18日

参考文献

1. 单霁翔. 20 世纪遗产保护 [M]. 天津：天津大学出版社，2015.

2. 简·雅各布斯. 美国大城市的死与生 [M]. 南京：译林出版社，2006.

3. 柴彦威. 基于活动分析法的人类空间行为研究 [J]. 地理科学，2008，(5).

4. 蔡定剑. 公众参与——欧洲的制度与经验 [M]. 北京：法制出版社，2009.

5. 托尼·朱特，蒂莫西·斯奈德. 思虑 20 世纪 [M]. 北京：中信出版社，2016.

6. 中国文物学会 20 世纪建筑遗产委员会. 中国 20 世纪建筑遗产名录（第一卷）[M]. 天津：天津大学出版社，2016.

7. 张松. 城市文化遗产保护国际宪章与国内法规选编 [M]. 上海：同济大学出版社，2007.

8. 尤嘎·尤基莱托. 建筑保护史 [M]. 北京：中华书局，2011.

9. 北京规划委员会. 北京十大建筑设计 [M]. 天津：天津大学出版社，2002.

10. 金磊. 中国建筑文化遗产年度报告（2002—2012 年）[M]. 天津：天津大学出版社，2013.

11. 杨永生. 20 世纪中国建筑 [M]. 天津：天津科学技术出版社，1999.

12. 金磊. 柯布西耶及其作品启示中外建筑界 [N]. 中国文物报，2016-8-5.

13. 郭黛姮. 关于文物建筑遗迹保护与重建的思考 [N]. 建筑学报，2006，(6).

14. 钱锋. 现代建筑教育在中国 (1920—1980)〔D〕. 上海：同济大学，2005.

15. 童明. 范式转型中的中国近代建筑——关于宾大建筑教育与美式布扎的反思 [J]. 建筑学报，2018，(8).

16. 赖德霖. 中国近代建筑史研究 [M]. 北京：清华大学出版社. 2007.

17. 彭旭. 澳大利亚土著文学中的生态智慧 [J]. 鄱阳湖学刊，2015，(1).

18. 安怡然，丁晓婷，戴国雯. 国外生态城市发展政策研究——以墨尔本为例 [J]. 建筑科技，2018，(6).

19. 陈正发. 澳大利亚土著文学创作中的政治 [J]. 外国文学，2007，(4).